생생화보로 배우는
고생대동물사전

차례

- 킴베렐라 · 6
- 요르기아 · 8
- 프테리디니움 · 10
- 카르니오디스쿠스 · 12
- 시아노박테리아 · 14
- 아노말로카리스 · 16
- 할루키게니아 · 18
- 오파비니아 · 20
- 피카이아 · 22
- 캄브로파키코페 · 24
- 미크로딕티온 · 26
- 밀로쿤밍기아 · 28
- 이소텔루스 · 30
- 사카밤바스피스 · 32
- 메갈로그랍투스 · 34
- 프테리고투스 · 36
- 플레볼레피스 · 38
- 클리마티우스 · 40
- 미크로브라키우스 · 42
- 에르베노킬레 · 44
- 아칸토스테가 · 46
- 아르트로플레우라 · 48
- 메가네우라 · 50
- 크라시기리누스 · 52
- 반드링가 · 54
- 힐로노무스 · 56
- 메소사우루스 · 58
- 리카에놉스 · 60
- 타니스트로페우스 · 62
- 롱기스쿠아마 · 64
- 플라케리아스 · 66
- 리드시크티스 · 68
- 주라마이아 · 70
- 레페노마무스 · 72
- 크시팍티누스 · 74
- 암불로케투스 · 76

- 가스토르니스 · 78
- 아르시노이테리움 · 80
- 티타노보아 · 82
- 스테고테트라벨로돈 · 84
- 마카이로두스 · 86
- 콜롬비아매머드 · 88
- 메갈로케로스 · 90
- 메갈라니아 · 92
- 하스트독수리 · 94
- 마렐라 · 96
- 엘라티아 · 98
- 아에기로카시스 · 100
- 루나타스피스 · 102
- 펜테콥테루스 · 104
- 스킨데란네스 · 106
- 케팔라스피스 · 108
- 보트리올레피스 · 110
- 아란다스피스 · 112
- 메가마스탁스 · 114
- 마테르피스키스 · 116
- 클라도셀라케 · 118
- 히네리아 · 120
- 유스테놉테론 · 122
- 판데리크티스 · 124
- 틱타알릭 · 126
- 아크모니스티온 · 128
- 헬리코프리온 · 130
- 레티스쿠스 · 132
- 에리옵스 · 134
- 게로바트라쿠스 · 136
- 넥토카리스 · 138
- 오돈토그리푸스 · 140
- 이노스트란케비아 · 142

01
킴베렐라

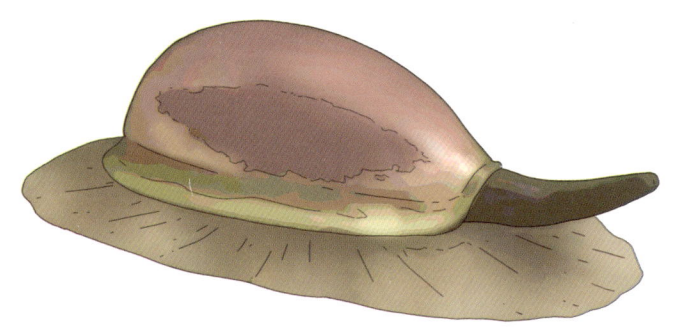

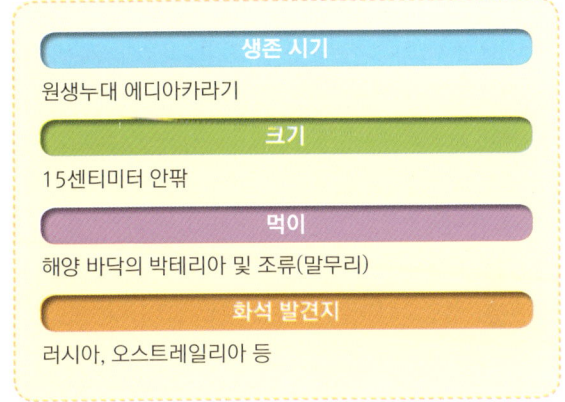

생존 시기
원생누대 에디아카라기

크기
15센티미터 안팎

먹이
해양 바닥의 박테리아 및 조류(말무리)

화석 발견지
러시아, 오스트레일리아 등

　고생대 에디아카라기에 속하는 생물입니다. 지금으로부터 약 6억3,500만 년에서 5억4,100만 년 전에 생존했을 것으로 추정하지요.

　킴베렐라 같은 에디아카라 생물군은 사람이 맨눈으로 확인할 수 있을 정도로 크기가 커진 가장 오래된 화석입니다. 오늘날 존재하는 모든 생물의 시조라고 할 수 있지요. 에디아카라 생물군 이전에는 거의 모든 화석이 단세포 생물이거나, 현미경으로 들여다봐야 할 만큼 크기가 작았습니다.

　그럼 킴베렐라의 크기는 어느 정도일까요? 이들의 크기는 최대 15센티미터 안팎까지 자랐던 것으로 알려져 있습니다. 그 모습은 마치 달팽이 같으며, 기다란 입술 같은 기관으로 바다 속 유기물을 긁어 먹었을 것으로 추측합니다. 제법 진화된 입과 장을 갖고 있어 효과적으로 먹이를 소화했지요.

02 요르기아

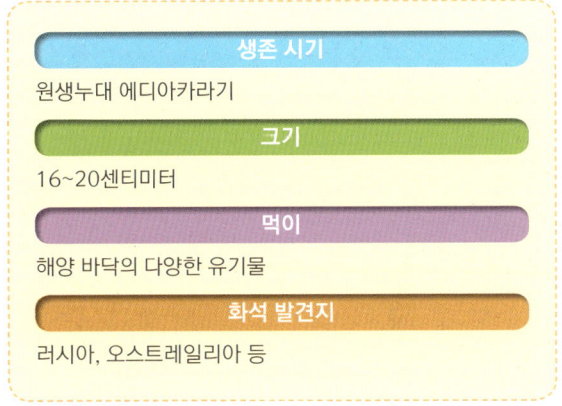

생존 시기
원생누대 에디아카라기

크기
16~20센티미터

먹이
해양 바닥의 다양한 유기물

화석 발견지
러시아, 오스트레일리아 등

    에디아카라기에 속하는 생물군 중 하나입니다. 고생대보다 더 오래 전인 선캄브리아 시대부터 존재했지요. 그때는 지금으로부터 45억6천만~5억4천만 년 전에 해당하는 굉장히 범위가 넓은 시기입니다. 지질시대의 약 85퍼센트를 차지한다고 하지요.

    요르기아는 디킨소니아, 킴베렐라, 에르니에타 등과 함께 에디아카라 생물군에서도 가장 오래된 다세포 동물입니다. 겉모양은 동그스름한 타원형으로 생겼으며, 여러 마디로 나뉘어 있어 흡사 빨래판처럼 보이지요. 몸의 지름은 대략 16~20센티미터 정도입니다.

    요르기아는 해양 바닥의 진흙을 헤집고 다니며 각종 유기물을 먹고 살았을 것으로 추정합니다. 몸이 단단하지 않고 물렁한 연체동물 같지만, 당시만 해도 이렇다 할 포식자가 없어 번성할 수 있었지요.

03 프테리디니움

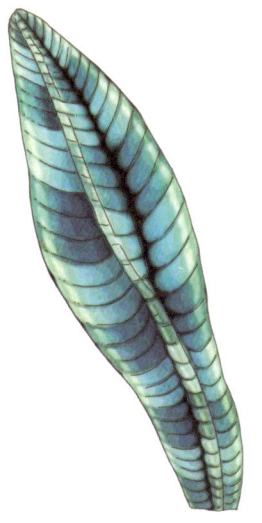

생존 시기
원생누대 에디아카라기

크기
6~30센티미터

먹이
해양 바닥의 다양한 유기물

화석 발견지
러시아, 오스트레일리아, 미국 등

 고생대 에디아카라기에 속하는 생물입니다. 프테리디니움이란 말은 그리스어로 '휘감긴 양치식물'이라는 뜻이지요. 꽃이 피지 않고 홀씨로 번식하는 원시적 식물을 양치식물이라고 하는데, 고사리 같은 생김새를 떠올리면 이해하기 쉽습니다. 실제로 프테리디니움의 겉모습은 얼핏 양치식물, 또는 삼지창 형태와 닮은 면이 있지요.

 프테리디니움의 몸길이는 대략 6~30센티미터 정도였을 것으로 추정합니다. 해양 바닥에 몸을 살짝 묻은 채 각종 유기물을 먹고 살았지요. 학자들은 화석의 상태로 미루어, 요르기아 등과는 달리 몸의 구조가 제법 단단했을 것으로 판단합니다.

 프테리디니움 화석은 지구 북반구와 남반구에서 고루 발견되고 있습니다. 유라시아와 아메리카 대륙을 비롯해 아프리카 지역에서도 화석이 나왔지요.

04 카르니오디스쿠스

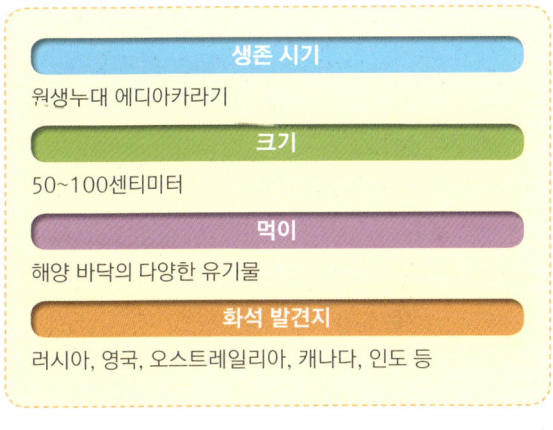

생존 시기
원생누대 에디아카라기

크기
50~100센티미터

먹이
해양 바닥의 다양한 유기물

화석 발견지
러시아, 영국, 오스트레일리아, 캐나다, 인도 등

 에디아카라기에 속하는 생물군 중 하나로, 오늘날의 강장동물과 비슷합니다. 강장동물은 다세포동물이지요. 그러나 몸의 구조가 단순하고 중추신경과 배설기관이 없는 등 진화 정도가 낮은 생물입니다. 히드로류, 해파리류, 산호류 등을 포함하지요. 다만, 지금은 강장동물이라는 용어 대신 자포동물과 유즐동물로 구별하고 있습니다.

 카르니오디스쿠스의 겉모습은 해초나 나뭇잎처럼 보입니다. 그 이름에도 '평평한 나뭇잎'이라는 의미가 담겨 있지요. 아래쪽에 뿌리 같은 기관이 있어 해양 바닥에 몸을 고정시킬 수 있었습니다. 몸길이는 50~100센티미터로, 에디아카라기에 속하는 생물군 가운데 큰 편이었지요. 카르니오디스쿠스는 해양 바닥에서 바닷물을 흡입한 다음 유기물만 여과하는 방식으로 먹이 활동을 했을 것으로 추정합니다.

05
시아노박테리아

생존 시기
시생누대(38억~25억 년 전)
크기
지름 0.5~100밀리미터 이상
먹이
광합성을 통한 먹이 활동
화석 발견지
캐나다, 그린란드, 오스트레일리아, 짐바브웨 등

　시아노박테리아는 광합성을 통해 산소를 만들어낼 수 있는 유일한 세균입니다. 광합성은 생물이 빛을 이용해 스스로 양분을 생성하는 과정을 일컫지요. 물과 이산화탄소를 재료로 포도당과 산소를 만들어냅니다.
　아주 오래전, 시아노박테리아는 산소가 존재하지 않던 지구 환경에 산소를 공급하는 중요한 역할을 했습니다. 시아노박테리아 덕분에 인간을 비롯한 각종 동물이 지구에서 살게 되었지요. 선캄브리아 시대 지층에서 흔히 발견되는 것으로 미루어, 그 시기부터 활발히 산소를 공급한 것으로 추측할 수 있습니다.
　시아노박테리아는 지름 0.5~100밀리미터 이상까지 다양한 모양과 크기를 갖고 있습니다. 일반적인 토양뿐만 아니라 사막지대와 극지방에서도 발견되지요. 강과 바다, 호수 같은 물속에도 존재합니다.

06 아노말로카리스

생존 시기
현생누대 캄브리아기

크기
100센티미터 안팎

먹이
다른 고생대 생물

화석 발견지
북아메리카 대륙, 오스트레일리아, 중국 등

캄브리아기 바다 속에 서식했던 고생대 생물입니다. 그 시기는 지금으로부터 대략 5억4,100만~4억8,540만 년 전에 해당하지요. 아노말로카리스라는 말에는 '이상한 새우'라는 뜻이 있습니다. 겉모습이 새우 같은 절지동물의 형태를 띠어 그런 이름이 붙었지요.

아노말로카리스는 몸길이가 100센티미터 안팎에 이를 정도로 컸습니다. 캄브리아기에 생존했던 고생대 생물 중 몸집이 매우 큰 편이었지요. 게다가 촉수에 날카로운 가시가 나 있는 등 강력한 무기를 가져 천적이 거의 없었을 것으로 추측합니다. 주로 다른 고생대 생물을 먹잇감으로 삼은 육식 동물로, 당시에는 최상위 포식자였던 셈이지요.

아노말로카리스는 몸 양쪽에 11개가 넘는 날개 같은 기관을 지녀 바다 속을 자유롭게 헤엄쳐 다녔습니다. 커다란 2개의 눈은 겹눈으로 발달해 먹잇감의 움직임을 잘 알아챘지요. 또한 이빨도 발달해 먹이를 부수거나 쪼개기 쉬웠습니다.

07
할루키게니아

생존 시기
현생누대 캄브리아기
크기
2.5센티미터 안팎
먹이
아주 작은 다른 고생대 생물
화석 발견지
캐나다, 중국 등

캄브리아기 바다 속에 서식했던 고생대 생물입니다. 겉모습은 절지동물과 환형동물의 중간 형태이며, 흔히 유조동물의 조상으로 평가받습니다. 유조동물이란, 여러 쌍의 발톱이 달린 다리를 가진 무척추동물을 일컫지요. 몸길이는 2.5센티미터 안팎으로 크지 않았습니다.

실제로 할루키세니아는 가늘고 기다란 몸통에 7쌍의 다리와 뾰족한 가시들이 솟은 독특한 모습입니다. 등 쪽에 두 줄로 난 7쌍의 가시는 천적을 방어하는 데 쓰였을 것으로 추정하지요. 먹이 활동 역시 바다 속을 기어 다니며 기다란 관 같은 입으로 아주 작은 고생대 생물들을 잡아먹었을 것으로 추측합니다.

참고로 할루키게니아라는 말에는 '환상', '환각'이라는 의미가 담겨 있습니다. 그만큼 생김새가 기괴해 붙은 이름이지요. 얼핏 꼬리와 머리 부분도 잘 구별되지 않을 정도입니다.

08 오파비니아

생존 시기
현생누대 캄브리아기

크기
4~7센티미터

먹이
작은 고생대 생물

화석 발견지
캐나다 등

고생대 캄브리아기에 서식했던 동물입니다. 마디 달린 발이 없다는 점만 빼면 오늘날의 절지동물과 비슷한 모습이지요.

몸길이는 4~7센티미터 정도로 크지 않으며, 부드러운 몸이 여러 개의 체절로 나뉘어 있습니다. 특히 몸 가장자리와 꼬리를 따라 둥근 돌출부가 가지런히 보이지요. 아울러 5개의 눈을 가졌고, 기다란 코 같은 관을 이용해 먹잇감을 포획한 다음 머리 아래 위치한 입에 집어넣었을 것으로 추정합니다.

오파비니아의 생활공간은 바다 속이었습니다. 주로 해저에서 이동하며 작은 동물들을 잡아먹었지요. 이 동물의 화석은 1912년 캐나다에서 처음 발견됐는데, 특이한 생김새 때문에 더욱 학자들의 주목을 받았습니다. 한때 '진화의 실패작'으로 불리기도 했지요.

09 피카이아

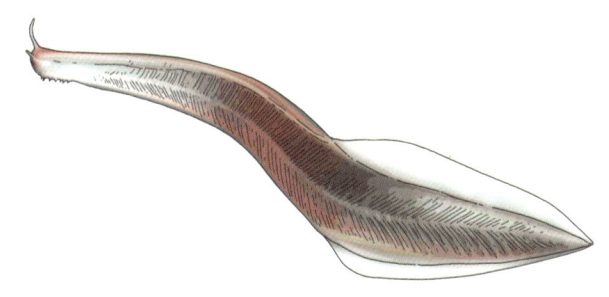

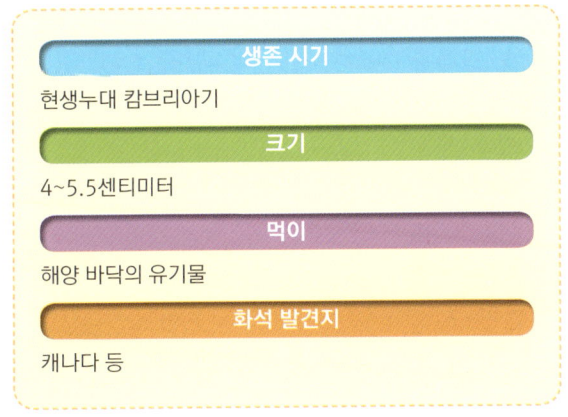

생존 시기
현생누대 캄브리아기

크기
4~5.5센티미터

먹이
해양 바닥의 유기물

화석 발견지
캐나다 등

고생대 캄브리아기를 대표하는 동물 중 하나입니다. 흔히 무척추동물과 척추동물 사이의 연결고리로 평가받지요. 학자들은 피카이아가 있었기에 어류, 파충류, 포유류 같은 척추동물이 등장할 수 있었다고 주장합니다.

피카이아의 크기는 4~5.5센티미터 정도입니다. 몸의 형태는 방추형이며, 옆으로 평평한 모습이지요. 여기서 방추형이란 양끝이 갸름한 원기둥꼴을 일컫습니다. 또한 작은 머리에 한 쌍의 촉수가 달려 있고, 시각 기관은 없었을 것으로 추측합니다. 근육으로 발달하는 근절이 100여 개나 있어 물속을 빠르게 헤엄쳐 다녔을 것으로 보이지요.

학자들은 피카이아가 해양 바닥의 진흙을 삼켜 유기물을 흡수하는 방식으로 먹이 활동을 했을 것으로 추정합니다. 화석에서는 소화관과 항문도 관찰되지요.

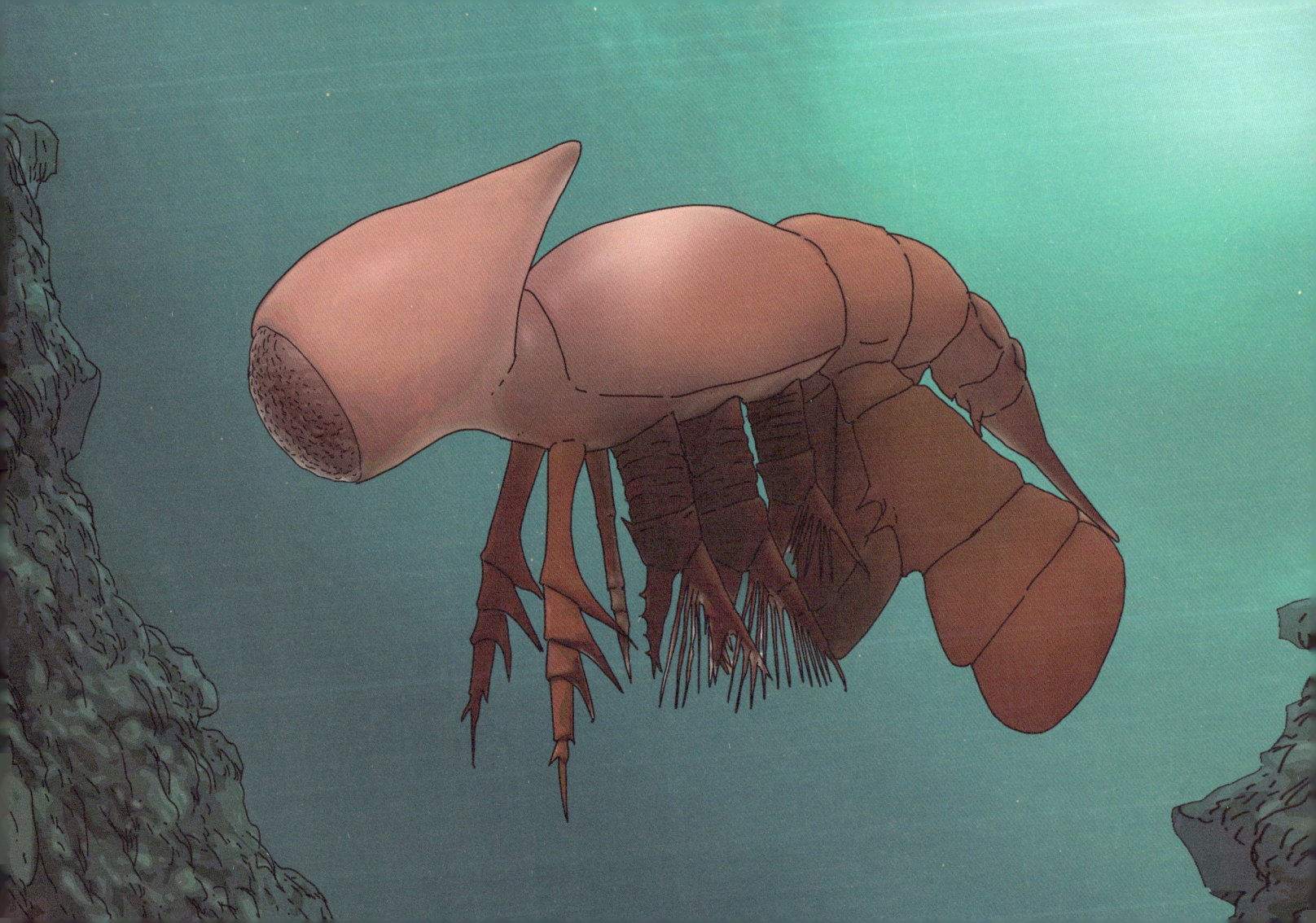

10 캄브로파키코페

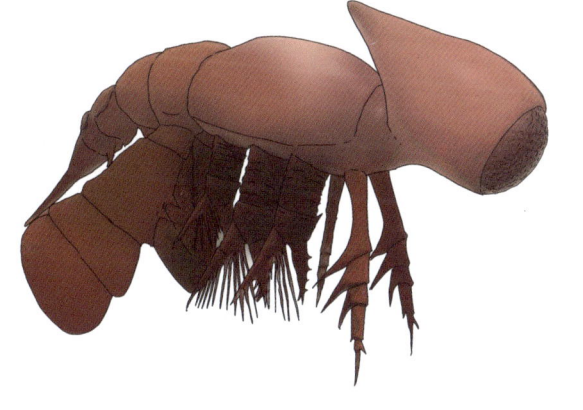

생존 시기
현생누대 캄브리아기

크기
2밀리미터 안팎

먹이
해양의 유기물

화석 발견지
스웨덴 등

캄브리아기 바다 속에 서식했던 고생대 생물입니다. 갑각류의 일종으로, 크기가 아주 작아 몸길이 2밀리미터 안팎이었지요. 또한 머리에 해당하는 쪽에 커다란 겹눈이 있었다는 점도 주목할 만합니다.

갑각류는 해양 절지동물을 대표합니다. 그 조상을 거슬러 올라가 보면 등장하는 고생대 생물이 바로 캄브로파키코페지요. 흔히 갑각류라고 하면 단단한 껍질과 힘께 마디 달린 다리를 공통점으로 이야기합니다. 그런데 캄브로파키코페의 경우 오늘날의 갑각류에 비해 다리의 마디 수가 많았습니다. 그 모습도 갑각류의 진화 전 특징으로 볼 수 있지요.

캄브로파키코페는 작은 몸집에도 바다 속을 헤엄쳐 다니며 먹이 활동을 했습니다. 꼬리 부분에 지느러미 역할을 하는 다리가 있어 큰 도움이 되었지요. 주요 먹이는 해양의 유기물이었을 것으로 추정합니다.

11

미크로딕티온

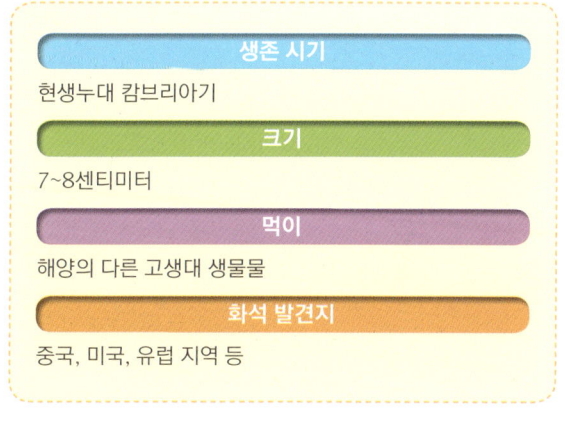

생존 시기
현생누대 캄브리아기
크기
7~8센티미터
먹이
해양의 다른 고생대 생물물
화석 발견지
중국, 미국, 유럽 지역 등

　미크로딕티온은 할루키게니아와 밀접한 관계입니다. 처음 할루키게니아 화석을 발견했을 때, 많은 학자들은 그것이 다른 고생대 생물의 부속 기관 중 하나라고 생각했지요. 따라서 다리 부분도 정체 모를 촉수 정도로 여겼습니다.

　하지만 머지않아 중국 윈난성에서 미크로딕티온 화석이 발견되면서 할루키게니아가 또 하나의 고생대 동물로 인정받게 되었습니다. 스웨덴 출신 고생물학자 람스켈드가 할루키게니아와 비슷한 미크로딕티온 화석에서 아주 작은 발톱들을 발견했기 때문이지요. 그 결과 할루키게니아의 촉수라고 믿었던 기관이 다리라는 것을 알게 된 것입니다.

　미크로딕티온은 몸길이 7~8센티미터 정도인 캄브리아기 고생대 동물입니다. 8~10쌍의 다리를 가졌는데, 각각의 다리 윗부분에 그물눈 모양의 단단한 각피가 있지요. 해양 바닥에서 활동하며 다른 고생대 생물을 포식했을 것으로 추정합니다.

12
밀로쿤밍기아

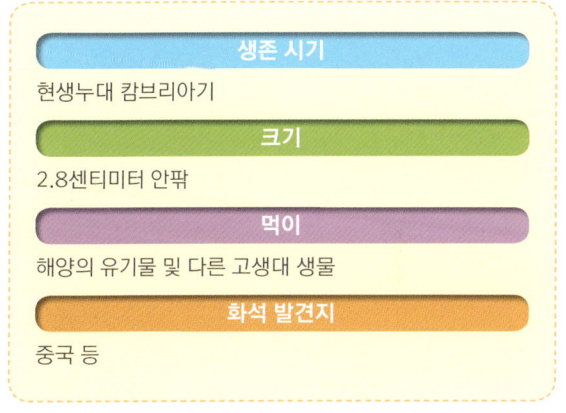

생존 시기
현생누대 캄브리아기

크기
2.8센티미터 안팎

먹이
해양의 유기물 및 다른 고생대 생물

화석 발견지
중국 등

    고생대 캄브리아기에 서식했던 생물입니다. 이 동물의 존재가 확인되면서 캄브리아기 지구에 척추동물이 살았다는 사실이 증명되었습니다. 학자들이 화석을 살펴본 결과, 두개골을 비롯한 골격 구조를 관찰할 수 있었거든요.

    밀로쿤밍기아는 몸길이가 2.8센티미터 안팎이었습니다. 몸통의 높이는 6밀리미터 정도였고요. 밀로쿤밍기아는 머리와 몸통의 구분이 뚜렷할 뿐만 아니라 등지느러미와 배지느러미를 갖고 있었습니다. 머리에는 5~6개의 아가미주머니가 있었지요. 그 밖에 소화관이 발달한 점도 주목할 만합니다.

    밀로쿤밍기아는 지구상에서 가장 오래된 어류라고 할 수 있습니다. 중국 윈난성 쿤밍시에서 발견된 화석은 약 5억 1,800만 년 전 것으로 추정하지요.

13 이소텔루스

생존 시기
현생누대 오르도비스기
크기
70~90센티미터
먹이
해양의 다른 고생대 생물
화석 발견지
미국, 캐나다 등

고생대 캄브리아기 다음 시대는 오르도비스기입니다. 지금으로부터 약 4억8,540만 년~4억4,380만 년 전에 해당하지요. 이소텔루스가 존재했던 시기가 바로 오르도비스기입니다.

이소텔루스는 삼엽충의 여러 종류 가운데 하나입니다. 삼엽충은 널리 알려진 화석 동물로, 타원형 몸이 납작한 모습을 띠고 있지요. 대개 등은 굳은 딱지로 되어 있고, 가슴 부분에 여러 개의 체절이 보입니다. 이소텔루스 역시 그와 닮은 형태인데, 삼엽충 종류 중 가장 커서 몸길이가 70~90센티미터에 달했지요.

이소텔루스는 바다 속에서 생활하며, 해양 바닥의 작은 동물들을 잡아먹었을 것으로 추정합니다. 몸의 구조가 진흙이나 모래 위를 훑고 다니며 먹이 활동을 하기에 안성맞춤이지요. 그러나 오르도비스기 말 지구에 대멸종이 닥쳐 더 이상 번성하지 못했습니다.

14
사카밤바스피스

생존 시기
현생누대 오르도비스기

크기
25센티미터 안팎

먹이
해양의 다른 고생대 생물

화석 발견지
볼리비아, 아르헨티나, 오스트레일리아 등

 오르도비스기 바다 속에 서식했던 고생대 생물입니다. 원시 어류로 볼 수 있는데, 턱이 없는 모습이 눈에 띄는 특징이지요. 이름 중 사카밤바는 처음 화석이 발견된 남아메리카 볼리비아의 지역명이고, 스피스에는 방패라는 뜻이 담겨 있습니다.

 사카밤바스피스는 얼핏 올챙이와 닮은 모습입니다. 머리에 2개의 작은 눈이 있으며, 등과 배 쪽이 방패 같은 굳은 딱지로 덮였지요. 또한 꼬리 부분에 작은 지느러미만 있을 뿐 다른 지느러미가 발달하지 않아 빠르게 헤엄을 치지는 못했을 것으로 추측합니다. 전체적인 몸길이는 25센티미터 안팎이었지요.

 아울러 사카밤바스피스는 이빨이 없습니다. 그 대신 뭉툭한 주둥이 부분의 팽창과 수축 운동이 가능해 진공청소기처럼 먹잇감을 빨아들였을 것으로 짐작합니다.

15
메갈로그랍투스

생존 시기
현생누대 오르도비스기

크기
100센티미터 안팎

먹이
해양의 다른 고생대 생물

화석 발견지
미국 등

고생대 오르도비스 후기에 서식했던 동물입니다. 미국에서 처음 화석이 발견되었는데, 바다전갈과 닮은 모습이 눈길을 사로잡았지요. 이름에 '거대한 작품'이라는 의미가 있습니다.

메갈로그랍투스의 주요 활동 무대는 바다 속이었습니다. 온몸이 두꺼운 껍질로 덮인 데다 기다란 두 다리에 날카로운 가시가 있어 다른 종들과 경쟁할 때 유리했지요. 해양의 바위틈이나 모래 속에 숨어 있다가 다른 바다 생물이 나타나면 재빠르게 낚아채는 방식으로 먹이 활동을 했을 것으로 추측합니다.

메갈로그랍투스는 강인해 보이는 겉모습에 몸길이가 100센티미터나 되어 천적이 별로 없는 포식자였습니다. 기다란 꼬리를 가져 헤엄도 잘 쳤지요. 그나마 카메로케라스 정도가 메갈로그랍투스의 생명을 위협했습니다.

프테리고투스

생존 시기
현생누대 실루리아기

크기
200센티미터 안팎

먹이
해양의 다른 고생대 생물

화석 발견지
미국, 러시아, 오스트레일리아, 유럽 지역 등

고생대 오르도비스기 다음은 실루리아기입니다. 지금으로부터 약 4억 4,380만 년~4억 1,920만 년 전에 해당하지요. 프테리고투스는 그 시기에 존재했던 바다전갈 종류입니다.

프테리고투스는 당시 바다전갈들 중 가장 거대한 덩치를 자랑했습니다. 몸길이가 무려 200센티미터 안팎에 달하는 최상위 포식자였지요. 부채 모양의 꼬리를 가져 헤엄을 잘 친데다 머리 쪽에 단단한 집게다리가 있어 먹이 활동에 매우 유리했습니다. 눈도 4개나 가져 시력도 발달했을 것으로 심삭되고요.

프테리고투스의 사냥 방식은 여느 바다전갈들과 비슷했습니다. 해양 바닥의 바위나 모래밭에 몸을 숨기고 있다가 먹잇감이 지나가면 단박에 포획했지요. 하지만 커다란 몸집이 생존에는 불리한 점도 있어 작은 바다전갈 종류에 비해 빨리 멸종했습니다.

17
플레볼레피스

생존 시기
현생누대 실루리아기

크기
7센티미터 안팎

먹이
해양의 유기물 및 플랑크톤

화석 발견지
노르웨이, 스웨덴, 러시아, 에스토니아 등

  실루리아기 고생물 중 몸 전체가 작은 비늘로 덮여 있는 동물을 '강인류'라고 합니다. 강인류는 인간의 이빨과 비슷한 성분으로 된 작은 비늘을 피부에 잔뜩 두르고 살았지요. 플레볼레피스의 겉모습이 바로 그와 같았습니다.

  플레볼레피스는 무악어류입니다. 쉽게 설명하면, 턱이 없는 어류라는 말이지요. 몸길이는 7센티미터 안팎으로 자그마했고, 가로로 넓적한 형태의 입을 가졌습니다. 몸은 전체적으로 유선형이라 바다 속에서 물의 저항을 줄일 수 있었고, 좌우 대칭으로 지느러미가 돋아 안정적으로 헤엄치는 데 도움이 되었습니다. 비록 몸이 크거나 집게다리 같은 무기는 없어도 바다 속을 이리저리 오가며 활발히 먹이 활동을 할 수 있었지요. 주요 먹잇감은 해양 유기물과 플랑크톤 따위였을 것으로 추정합니다.

18 클리마티우스

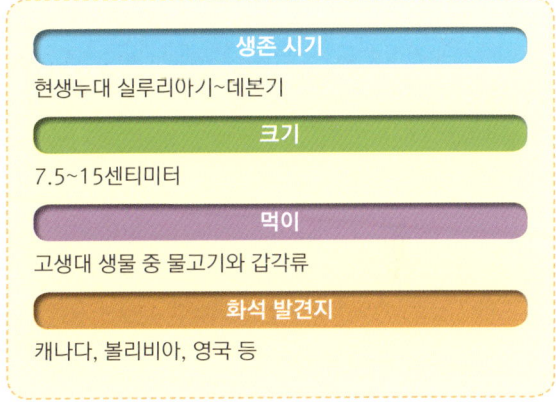

생존 시기
현생누대 실루리아기~데본기

크기
7.5~15센티미터

먹이
고생대 생물 중 물고기와 갑각류

화석 발견지
캐나다, 볼리비아, 영국 등

실루리아기 후기부터 데본기 전기까지 살았던 극어류의 한 종류입니다. 데본기는 실루리아기 이후, 그러니까 지금으로부터 4억1,920만 년~3억5,890만 년 전을 가리키지요. 극어류는 멸종된 어류로서, 대개 겉모습은 상어와 비슷하지만 외피에 작은 비늘이 덮여 있습니다.

그와 같은 극어류 중에서도 클리마티우스는 배 부분에 가시들이 솟은 형태가 특징입니다. 아래턱에는 날카로운 이빨이 나 있고, 강력한 꼬리지느러미를 가져 빠르게 헤엄쳐 다녔지요. 그 밖에도 2개의 등지느러미와 가슴지느러미, 뒷지느러미가 있었고요. 또한 큰 눈을 갖고 있어 시력도 꽤 좋았을 것으로 보입니다.

클리마티우스의 몸길이는 7.5~15센티미터 정도였습니다. 바다뿐만 아니라 강과 호수에도 살며, 물고기와 갑각류 같은 다양한 고생대 생물을 잡아먹었지요.

19

미크로브라키우스

생존 시기
현생누대 데본기

크기
8센티미터 안팎

먹이
강과 호수 등의 고생대 생물

화석 발견지
스코틀랜드, 에스토니아, 중국 등

　고생대 데본기에 살았던 생물입니다. 가장 오래된 척추동물로 손꼽히지요. 학자들이 미크로브라키우스의 화석을 연구한 결과, 암수 사이에 짝짓기를 통한 체내수정을 진화시킨 동물로도 크게 주목받았습니다. 이전에 존재했던 여느 척추동물과 달리 암수의 생식기가 뚜렷이 구별되는 것으로 확인됐지요.

　미크로브라키우스의 몸길이는 8센티미터 안팎이었습니다. 갑옷처럼 보이는 단단한 덮개가 몸 대부분을 둘러쌌지요. 또한 가슴지느러미와 꼬리도 발달했고요. 그와 같은 모습은 판피어의 특징이기도 했습니다. 판피어란 오늘날의 파충류와 조류, 포유류 등에서 발견되는 턱과 이빨, 팔다리 등을 갖고 있어 동물의 진화 계통상 인간의 아주 먼 조상에 해당하지요. 미크로브라키우스의 가슴지느러미가 먼 훗날 팔다리로 진화하는 식입니다.

20
에르베노킬레

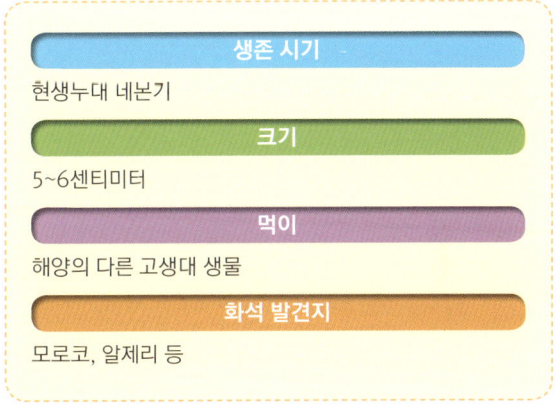

생존 시기
현생누대 데본기
크기
5~6센티미터
먹이
해양의 다른 고생대 생물
화석 발견지
모로코, 알제리 등

데본기 바다 속에 서식했던 고생대 생물입니다. 에르베노킬레의 겉모습은 삼엽충과 닮았지요. 그렇지만 눈이 크다는 남다른 개성도 있습니다. 무려 500개가 넘는 수정체로 구성된 겹눈인데, 그 하나하나를 다른 삼엽충 종류의 눈과 비교해도 큰 편이지요. 그러한 겹눈은 360도 전후좌우로 사물을 볼 수 있다는 장점을 가졌습니다.

그 밖에 에르베노킬레는 가슴 부분이 11개의 체절로 나뉘어 있습니다. 거기에 가시 형태의 기관이 세로로 길게 솟아 있는 모습이지요. 또한 에르베노킬레의 몸길이는 5~6센티미터 정도였습니다. 밤보다는 주로 낮에 바다 속을 기어 다니며 먹이 활동을 했지요. 눈 쪽에 가리개 역할을 하는 돌출부가 있어 햇빛이 비쳐도 사물을 구별하는 데 별다른 어려움이 없었을 것으로 추정합니다. 어쩌면 왕눈이 에르베노킬레는 지금의 어떤 동물보다도 좋은 시력을 가졌을지 모르지요.

21

아칸토스테가

생존 시기
현생누대 데본기

크기
60~70센티미터

먹이
강이나 늪의 다른 고생대 생물

화석 발견지
그린란드 등

데본기에 살았던 고생대 생물입니다. 얼핏 다리로 볼 만한 신체 기관을 가진 최초의 척추동물이지요. 전체적으로는 어류의 특징이 많지만, 튼튼한 등뼈와 더불어 머지않아 다리로 진화할 지느러미가 눈에 띕니다. 폐도 가졌으나 용량이 적어 당시에는 주로 아가미 호흡을 했을 것으로 추정하지요.

아칸토스테가의 몸길이는 60~70센티미터 정도입니다. 다리와 유사하게 보이는 4개의 지느러미에 각각 8개씩, 모두 32개의 발가락이 있는 독특한 모습이지요. 발가락 사이에는 물갈퀴가 있어 헤엄치는 데 도움이 되었을 것으로 보입니다.

아칸토스테가는 강이나 호수, 늪에서 생활했습니다. 가끔 땅으로 올라왔을 것으로 추측하지만 아직 육상 동물로 보기는 어렵지요. 이빨의 형태로 보아 먹이 활동은 육식이었을 것으로 판단합니다.

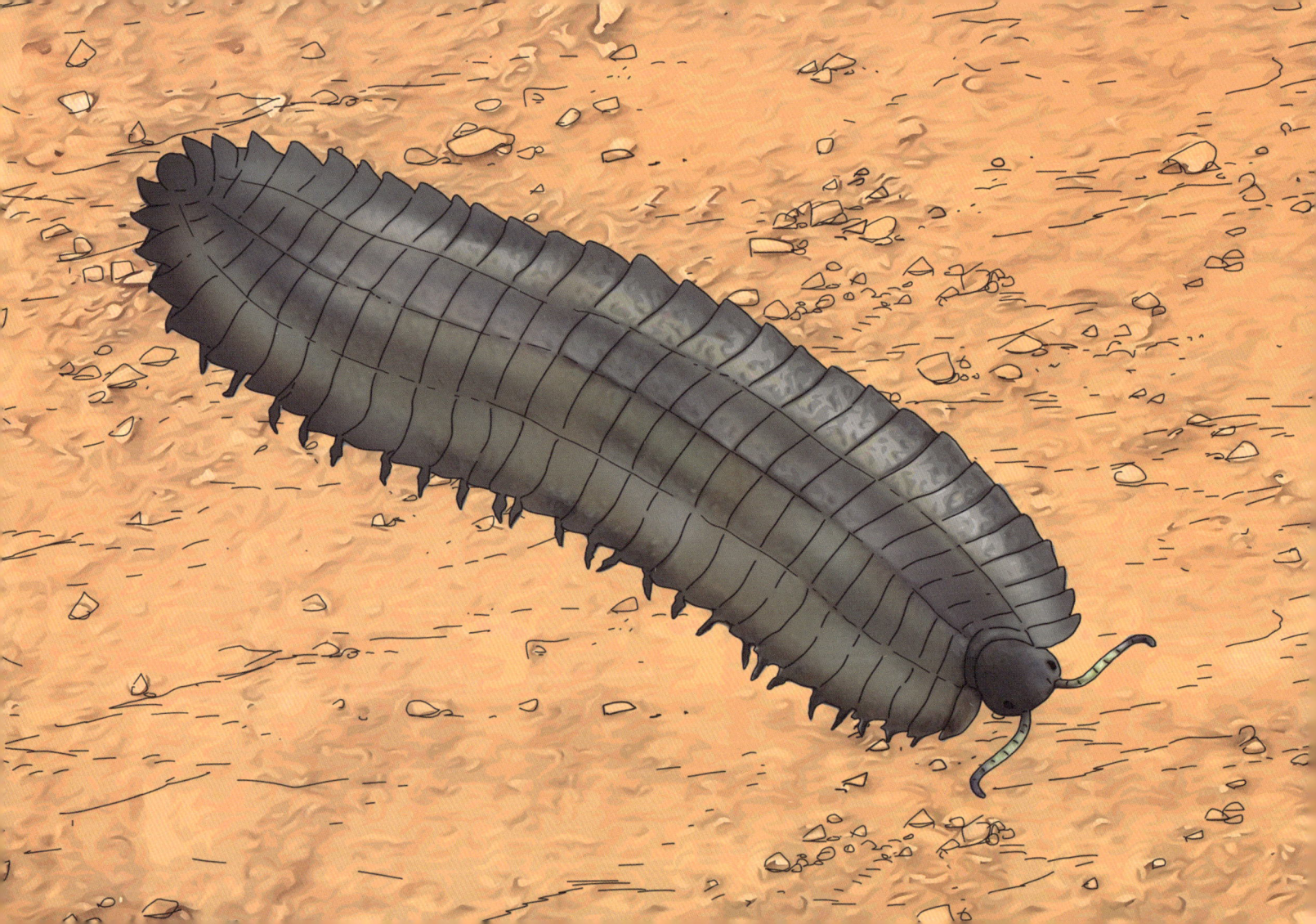

22 아르트로플레우라

생존 시기
현생누대 석탄기

크기
260센티미터 안팎

먹이
고생대 식물, 작은 곤충

화석 발견지
영국, 북아메리카 지역 등

 지질 시대를 구분할 때 데본기 다음은 석탄기입니다. 지금으로부터 약 3억5,890만 년~2억9,890만 년 전에 해당하는 때지요. 아르트로플레우라는 그 시기 지구상에 존재했던 절지동물입니다. 다리가 아주 많은 초대형 노래기라고 할 수 있지요.

 처음 아르트로플레우라의 화석을 발견한 학자들은 어마어마한 크기에 깜짝 놀랐습니다. 몸길이만 해도 260센티미터에 달했으니까요. 몸무게도 50킬로그램은 나갔을 것으로 짐작되어, 모든 육상 무척추동물 가운데 가장 크다고 알려져 있습니다.

 그런데 학자들은 아르트로플레우라가 덩치에 어울리지 않게 초식동물이었을 것으로 판단합니다. 숲속 낙엽 밑이나 쓰러져 썩은 나무 아래에서 살며 이따금 작은 곤충을 잡아먹기는 했지요. 당시 이렇다 할 천적이 없어 석탄기에 뒤이은 페름기에도 생존했습니다.

23 메가네우라

생존 시기
현생누대 석탄기·페름기

크기
몸길이 40센티미터 안팎, 날개 65~75센티미터

먹이
고생대 곤충, 작은 양서류

화석 발견지
프랑스 등

고생대 석탄기에 이어 페름기까지 살았던 생물입니다. 데본기 초기에 처음 출현한 곤충은 석탄기에 이르러 다양한 종이 등장했지요. 메가네우라 역시 그중 하나입니다.

메가네우라의 겉모습은 오늘날의 잠자리를 닮았습니다. 메가라는 단어에서 짐작하듯 몸집이 매우 컸지요. 몸길이가 40센티미터 안팎이었고, 날개를 활짝 펼치면 65~75센티미터에 달해 당시 가장 큰 곤충이었다고 할 수 있습니다. 우리가 요즘 보는 곤충이라기보다는 자라리 닭의 크기와 비교할 만하지요.

메가네우라는 커다란 겹눈과 튼튼한 날개를 이용해 힘차게 날아다니며 먹이 활동을 했을 것으로 추정합니다. 다른 곤충뿐만 아니라 조그마한 양서류 등도 사냥했을 것으로 보이지요. 메가네우라는 지구에 산소 농도가 낮아지던 페름기, 즉 2억9,900만 년 전쯤 멸종했습니다.

24
크라시기리누스

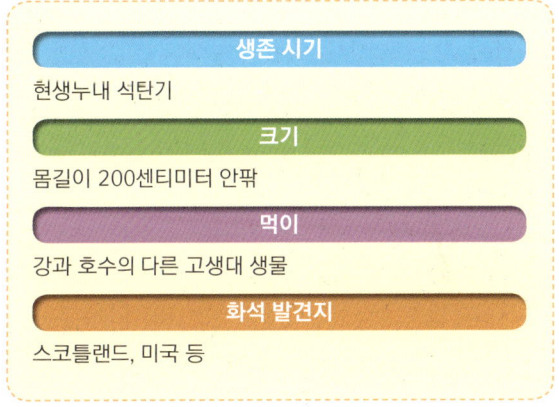

생존 시기
현생누내 식탄기
크기
몸길이 200센티미터 안팎
먹이
강과 호수의 다른 고생대 생물
화석 발견지
스코틀랜드, 미국 등

   고생대 석탄기에 번성했던 생물입니다. 이름에 '두꺼운 올챙이'라는 의미가 담겨 있지요. 실제로도 몸집이 아주 커서, 몸길이 200센티미터 안팎까지 성장하는 오늘날의 올챙이를 닮은 동물입니다.

   크라시기리누스의 겉모습은 머리가 크고 체형이 기다린 특징이 있습니다. 단단한 턱에 날카로운 이빨을 가졌고요. 꼬리는 넙적해 물속에서 헤엄치기 적합했습니다. 그리고 무엇보다 덩치에 어울리지 않게 작은 4개의 다리가 눈에 띄지요. 특히 앞다리는 아주 작아서 어떤 쓰임새가 있을까 궁금할 정도입니다.

   크라시기리누스는 강이나 호수에 서식하며, 이따금 뭍에 기어올라 폐호흡도 했을 것으로 추측합니다. 강력한 이빨을 가신 만큼 다른 고생대 생물을 잡아먹는 포식자였다는 사실을 알 수 있지요.

25 반드링가

생존 시기
현생누대 석탄기

크기
몸길이 300센티미터 안팎

먹이
강과 바다의 다른 고생대 생물

화석 발견지
북아메리카 지역 등

석탄기에 해당하는 약 3억 9,000만 년 전 생물입니다. 연골어류의 일종으로, 그중에서도 아가미에 판이 있는 '판새류'로 구분할 수 있습니다.

반드링가는 얕은 바다를 비롯해 민물에서도 생활했을 것으로 추정합니다. 그렇게 판단하는 이유는 어린 개체의 화석이 해양 지층에서, 성체의 화석이 민물 지층에서 발견되기 때문이지요. 즉 성장하면서 생활공간을 바꿨다는 말입니다.

반드링가가 가진 외형상 특징으로는 우선 주걱철갑상어나 톱가오리처럼 매우 긴 연골질 주둥이를 가지고 있다는 점을 이야기할 수 있습니다. 그 길이가 무려 몸의 절반에 달할 정도지요. 반드링가의 기다란 주둥이는 먹이 활동에 큰 도움이 되었습니다. 그것이 탐지기 역할을 해 물속 진흙이나 모래밭에 숨어 있는 먹잇감을 찾을 수 있었거든요.

26
힐로노무스

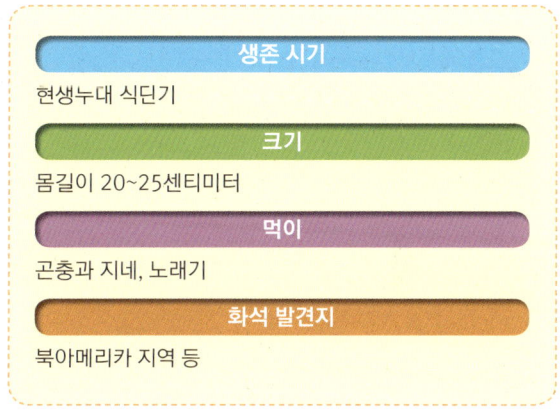

생존 시기
현생누대 식단기
크기
몸길이 20~25센티미터
먹이
곤충과 지네, 노래기
화석 발견지
북아메리카 지역 등

　고생대 석탄기에 살았던 생물입니다. 그 화석은 현재까지 발견된 가장 오래된 파충류로 알려져 있지요. 오늘날의 도마뱀과 비슷한 모습인데, 도롱뇽 같은 양서류의 특징도 가졌습니다. 이름에는 '숲에서 사는 생물'이라는 의미가 있지요.

　힐로노무스의 몸길이는 20~25센티미터 정도였습니다. 단단한 머리뼈와 튼튼한 턱을 갖췄고, 입 안에는 작지만 날카로운 이빨이 나 있었지요. 숲속을 주요 생활공간으로 삼아 작은 곤충이나 지네, 노래기 따위를 잡아먹었을 것으로 짐작합니다.

　힐로노무스는 껍질에 싸인 양막성 알을 낳았는데, 덕분에 건조한 기후에서도 알이 마르는 것을 방지할 수 있었습니다. 따라서 물을 떠나 육지에서 사는 것이 가능했지요. 학자들은 힐로노무스를 지금까지 발견된 최초의 양막류로 인정합니다.

27
메소사우루스

생존 시기
현생누대 페름기 전기

크기
몸길이 40~70센티미터

먹이
작은 어류와 양서류

화석 발견지
브라질, 남아프리카 지역 등

　고생대 페름기 전기에 살았던 동물입니다. 페름기는 지금으로부터 2억9,890만 년~2억5,190만 년 전에 해당하지요. 주로 염분이 높은 강이나 호수에서 생활했던 수중 파충류로, 이름에 '중간 크기의 도마뱀'이라는 뜻이 있습니다..

　메소사우루스는 몸길이가 40~70센티미터 정도로 아주 큰 편은 아니었습니다. 현재까지 발견된 가장 커다란 화석 표본도 100센티미터 남짓이지요. 앞다리와 뒷다리 발가락 사이에 물갈퀴가 있어 수영 실력이 꽤 좋았을 것으로 짐작합니다. 길고 갸름한 모양의 머리에 제형이 유신형인 점도 헤엄치는 데 도움이 되었지요.

　메소사우루스의 입에는 날카로운 이빨이 줄지어 나 있어 육식 먹이 활동을 하기에 안성맞춤이었습니다. 물속에 사는 작은 어류나 양서류 따위를 잡아먹었을 것으로 추정합니다.

28 리카에놉스

생존 시기
현생누대 페름기 중기~후기
크기
몸길이 100센티미터 안팎
먹이
작은 척추동물과 파충류
화석 발견지
남아프리카공화국 등

고생대 페름기 중기부터 후기까지 살았던 동물입니다. 육상에 정착한 척추동물 중 두개골 뒤쪽에 난 구멍이 하나인 단궁류로, 포유류의 아주 먼 조상쯤 되지요. 두개골이 늑대의 그것과 비슷해 '늑대의 얼굴'이라는 의미를 담은 이름을 갖게 되었습니다.

리카에놉스의 몸길이는 대략 100센티미터 안팎이었습니다. 단단한 이빨을 가졌는데, 특히 송곳니가 매우 길어 강력한 포식자로서 위력을 뽐냈지요. 또한 네 다리도 지금의 육식 포유동물처럼 발달해 빠르게 달리며 먹잇감을 사냥했을 것으로 보입니다.

마치 맹수 같은 겉모습으로 짐작하듯, 당시 지구상에는 리카에놉스의 천적이 별로 없었습니다. 이 종은 작은 척추동물이나 파충류의 몸에 날카로운 이빨을 박아 단숨에 숨통을 끊어놓았지요. 그야말로 페름기 동물들을 벌벌 떨게 한 공포의 포식자였던 셈입니다.

타니스트로페우스

생존 시기
현생누대 트라이아스기

크기
몸길이 300~600센티미터

먹이
물고기, 곤충, 파충류

화석 발견지
독일, 스위스, 이스라엘 등

현생누대 중생대 트라이아스기에 생존했던 동물입니다. 페름기 다음이 바로 트라이아스기지요. 그 시기는 지금으로부터 2억5,190만 년~2억130만 년 전에 해당합니다. 타니스트로페우스는 이름에 '기다란 척추'라는 뜻을 가진 파충류지요.

타니스트로페우스는 몸길이가 300~600센티미터에 이를 만큼 컸습니다. 그런데 그중에서 목 길이만 해도 최소 300센티미터 이상인 경우가 흔했지요. 그에 비해 몸과 꼬리는 작고 다리는 튼튼하지 않아 육상 생활을 하는 데 여러모로 불리했을 것으로 짐작합니다.

더구나 타니스트로페우스의 목뼈는 겨우 10개에 불과했습니다. 그 사실은 기다란 목의 움직임이 약간 뻣뻣했을 것이라는 의미를 담고 있지요. 따라서 타니스트로페우스는 강이나 해안가에서 생활하며, 마치 오늘날의 백로나 왜가리처럼 사냥 활동을 했을 것으로 추정합니다.

30
롱기스쿠아마

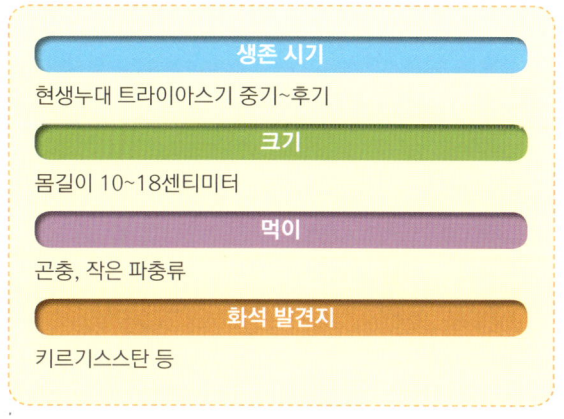

생존 시기
현생누대 트라이아스기 중기~후기
크기
몸길이 10~18센티미터
먹이
곤충, 작은 파충류
화석 발견지
키르기스스탄 등

트라이아스기 중기부터 후기에 존재했던 동물입니다. '긴 비늘'이라는 뜻의 이름을 가진 파충류의 일종이지요. 중앙아시아 키르기스스탄 지역에서 화석이 발견되었습니다.

롱기스쿠아마는 얼핏 도마뱀과 닮은 모습입니다. 그런데 등 쪽 돌기에서 나온 것으로 추측하는 날개 같은 신체 기관이 눈에 띄게 다르지요. 그 때문에 학자들도 처음에는 이 종을 새의 조상으로 여겼습니다. 실제로 롱기스쿠아마는 먹잇감을 사냥할 때 이 기관을 낙하산처럼 사용했을 것으로 추정하지요. 어쩌면 오늘날의 날도마뱀과 유사한 방식으로 먹이 활동을 했을 수도 있습니다.

롱기스쿠아마의 몸길이는 10~18센티미터 정도로 크지 않았습니다. 하지만 하키 스틱같이 생긴 날개를 활짝 펼치면 그 길이가 약 30센티미터에 달했을 것으로 추정합니다.

31
플라케리아스

생존 시기
현생누대 트라이아스기 후기

크기
몸길이 300~350센티미터

먹이
초목의 가지 및 나무뿌리

화석 발견지
미국, 모로코 등

 트라이아스기 후기에 서식했던 동물입니다. 좀 더 구체적으로는 약 2억3,000만 년~2억2,000만 년 전에 살았지요. 이 종의 화석은 북아메리카를 중심으로 북아프리카 지역에서도 발견되었습니다.

 플라케리아스는 해당 시기를 대표하는 대형 초식동물이었습니다. 몸길이가 300~350센티미터에 달했지요. 몸무게도 1,000킬로그램 가까이 나갔을 것으로 추측합니다. 머리 부분도 우람한 크기를 자랑해 화석의 두개골 길이가 68센티미터에 이르기도 하지요.

 그밖에도 플라케리아스는 매우 튼튼한 목과 단단한 다리, 두툼한 몸통을 가져 겉모습으로 경쟁 상대들을 압도했습니다. 한 마디로, 오늘날의 하마와 비슷한 모습이었지요. 그럼에도 초식동물이었던 터라 주요 먹잇감은 초목의 가지와 뿌리 등이었습니다. 어금니 형태로 발달한 턱을 이용해 굵은 나무뿌리까지 거뜬히 캐냈지요.

리드시크티스

생존 시기
현생누대 쥐라기 후기

크기
몸길이 9~16.5미터

먹이
작은 어류, 플랑크톤

화석 발견지
영국, 프랑스, 독일, 칠레 등

현생누대 중생대 쥐라기 후기에 서식했던 동물입니다. 지금으로부터 대략 1억5,600만 년~1억4,500만 년 전에 해당하지요. 경골어류의 일종으로, 이 종의 화석을 처음 발견한 학자 알프레드 리즈의 이름을 따 리드시크티스라고 부르기 시작했습니다. 그것은 '리즈의 물고기'라는 단순한 의미지요.

리드시크티스는 몸집이 매우 컸습니다. 몸길이가 9~16.5미터에 달했거든요. 몸무게도 45톤까지 나갔을 것으로 추정합니다. 그 시기까지 그만한 덩치를 자랑하는 어류는 없었지요. 하지만 오늘날의 수염고래와 비슷한 우람한 겉모습과 달리 성격은 온순했습니다. 헤엄도 잘 치지 못했고요. 그런 까닭에 천적들의 습격을 받아 목숨을 잃는 경우가 흔했습니다.

리드시크티스의 주요 먹이는 작은 어류나 플랑크톤이었을 것으로 짐작합니다. 바닷물과 함께 먹잇감을 잔뜩 들이켠 후, 아가미로 물만 걸러내는 방식으로 먹이 활동을 했지요.

33
주라마이아

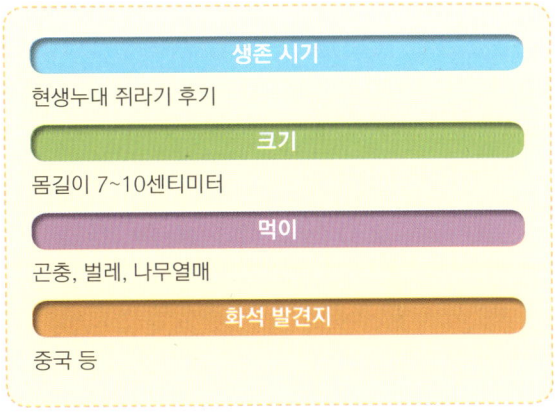

생존 시기
현생누대 쥐라기 후기

크기
몸길이 7~10센티미터

먹이
곤충, 벌레, 나무열매

화석 발견지
중국 등

　쥐라기 후기 지구상에 서식했던 동물입니다. 중국에서 처음 화석이 발견된 후 정식 명칭을 '주라마이아 시넨시스'로 정했지요. 그것은 '중국에서 온 쥐라기의 어머니'라는 뜻입니다.

　주라마이아의 겉모습은 작은 뒤쥐처럼 생겼습니다. 몸길이 역시 7~10센티미터 정도였고요. 학자들은 주라마이아가 지금까지 알려진 가장 오래된 진수류라고 밝혔습니다. 진수류란, 태반을 통해 태아에게 양분을 공급하도록 진화한 동물을 일컫지요. 다시 말해 약 1억6,000만 년 전 지구상에 살았던 주라마이아가 거의 모든 현존 포유류의 조상이라는 의미였습니다. 그 화석은 포유류의 진화를 밝히는 훌륭한 자료로 평가받았지요.

　주라마이아는 주로 나무 위에서 생활했을 것으로 추정합니다. 쥐라기가 공룡의 전성 시대였던 만큼 천적을 만나면 잘 발달된 다리를 이용해 재빨리 나무 위로 달아났지요.

34
레페노마무스

생존 시기
현생누대 백악기
크기
몸길이 100센티미터 안팎
먹이
공룡의 새끼를 비롯한 다양한 파충류
화석 발견지
중국 등

 현생누대 중생대 쥐라기 다음은 백악기입니다. 지금으로부터 약 1억4,500만 년~6,600만 년 전에 해당하지요. 레페노마무스는 이 시기에 살았던 포유동물입니다. 이름부터 '파충류를 먹는 포유동물'이라는 뜻을 담고 있지요.
 레페노마무스는 몸길이 100센티미터 안팎으로, 당시 존재했던 포유류 중 몸집이 큰 편이었습니다. 게다가 턱 힘이 강하고 날카로운 앞니를 가져 육식 먹이 활동에 여러모로 장점이 있었지요. 그런 까닭에 자기보다 덩치가 큰 동물과 맞붙어도 쉽게 물러서지 않았을 것으로 추정합니다. 어떤 화석에서는 소형 공룡이나 공룡의 새끼를 잡아먹은 흔적이 발견됐을 정도니까요. 그래서 학자들은 레페노마무스가 몸집이 아주 크지는 않았어도 그 무렵 자연 생태계의 유력한 포식자였을 것이라고 판단합니다.

35
크시팍티누스

생존 시기
현생누대 백악기

크기
몸길이 300~600센티미터

먹이
백악기의 다양한 어류

화석 발견지
미국, 유럽 지역 등

    중생대 백악기에 살았던 경골어류입니다. 이름에 '칼 지느러미'라는 뜻이 있고, 주둥이가 짧은 외모에 빗대어 '불도그 물고기'라는 별명으로도 불리지요.

    크시팍티누스의 겉모습은 짧은 주둥이뿐만 아니라 기다란 몸과 튼튼한 꼬리, 날카로운 이빨을 가진 특징이 있습니다. 무려 100개가 넘는 척추뼈를 이용해 물속을 자유롭게 헤엄쳐 다니며 다른 물고기들을 닥치는 대로 잡아먹었지요. 빠른 수영 실력으로 먹잇감을 쫓아가 강력한 꼬리지느러미로 제압한 뒤 원뿔형 송곳니로 숨통을 끊는 식이었습니다.

    크시팍티누스의 몸길이는 300~600센티미터에 달했습니다. 몸무게도 500킬로그램은 거뜬히 나갔을 것으로 추측하지요. 어떤 화석을 살펴보면, 커다란 몸집에 어울리게 200센티미터에 이르는 먹잇감을 통째로 집어삼킨 흔적도 보입니다.

36
암불로케투스

생존 시기
현생누대 신생대 에오세 중기

크기
몸길이 300센티미터 안팎

먹이
다양한 어류와 육상 동물

화석 발견지
파키스탄, 인도 등

 현생누대는 고생대와 중생대를 거쳐 신생대로 이어집니다. 지금으로부터 약 6,600만 년 전~현재에 이르는 시기입니다. 암불로케투스는 그중 신생대 에오세 중기에 살았던 동물이지요. 원시적인 고래로 볼 수 있으며, 이름에도 '걸어 다니는 고래'라는 뜻이 있습니다.

 한마디로 암불로케투스는 현생 고래의 조상으로 평가받는 포유동물입니다. 몸길이는 300센티미터 안팎이었으며, 몸무게도 300킬로그램 정도는 나갔을 것으로 추정하지요. 암불로케투스는 주둥이가 길쭉하고, 얼굴 양옆에 눈이 달려 있는 모습입니다. 발에는 물갈퀴가 있고 척추뼈가 유연해 헤엄을 잘 쳤지요.

 암불로케투스의 생활공간에 대해서는 학자들의 의견이 서로 다릅니다. 그중에서 땅과 물속 생활을 병행했을 것이라는 의견이 좀 더 설득력을 얻고 있지요. 특히 물속에서는 턱뼈를 이용해 진동을 느끼는 방식으로 청각이 발달했을 것이라고 짐작합니다.

37
가스토르니스

생존 시기
현생누대 신생대 팔레오세 후기~에오세 중기

크기
몸길이 200센티미터 안팎

먹이
작은 육상 동물 또는 풀과 나뭇잎들

화석 발견지
프랑스, 독일, 미국, 중국 등

 신생대 팔레오세 후기부터 에오세 중기까지 서식했던 동물입니다. 당시 숲과 초원에서 생활했던 거대란 조류지요. 처음 화석을 발견한 학자 가스통 플랑테의 이름을 따 가스트로니스라는 정식 명칭을 만들었습니다. 한때는 화석의 생김새가 오늘날의 백로와 비슷하다고 해서 '디아트리마'라고 불리기도 했지요.

 가스트로니스는 하늘을 날지 못하는 거대한 육지 새였습니다. 날개가 거의 퇴화된 데다, 몸길이 200센티미터 안팎에 몸무게도 150킬로그램에 달했기 때문이지요. 그 대신 큰 머리와 강인한 목뼈, 갈고리 같은 튼튼한 부리와 근육질 다리를 가져 땅 위의 포식자로 살아갈 수 있었습니다. 그런데 일부 학자들은 화석의 칼슘 함량이 낮아 초식동물에 가깝다는 의견을 내놓기도 했지요. 겉모습이 우락부락하다고 꼭 육식동물은 아니니까요.

38

아르시노이테리움

생존 시기
현생누대 신생대 에오세 후기~올리고세 전기

크기
몸길이 300~350센티미터

먹이
풀, 나뭇잎, 나무뿌리

화석 발견지
이집트, 튀니지, 리비아, 케냐, 앙골라 등

신생대 에오세 후기부터 올리고세 전기까지 서식했던 동물입니다. 포유류의 일종으로, 처음 화석이 발견된 이집트의 지명을 따 이름을 정했지요.

아르시노이테리움의 겉모습은 오늘날의 코뿔소를 닮았습니다. 주둥이에 2개의 거대한 뿔이 나란히 솟아 있고, 머리 윗부분에도 작은 뿔 2개가 나 있는 모습이지요. 두툼한 몸통과 굵고 길지 않은 네 다리는 코뿔소의 모습과 일치합니다. 입 안에는 길이 10센티미터가 넘는 커다란 어금니가 있었고요.

아르시노이테리움의 몸길이는 300~350센티미터 정도였습니다. 몸무게는 한 술 더 떠 2톤 안팎에 이르렀지요. 우람한 덩치와 위협적인 뿔은 다른 동물들이 지레 겁을 먹기 충분했습니다. 다만 아르시노이테리움은 사나워 보이는 겉모습과 달리 폭력적인 성격은 아니었을 것으로 추정하지요. 초식동물이라, 주요 먹이도 풀과 나무뿌리 등이었습니다.

39
티타노보아

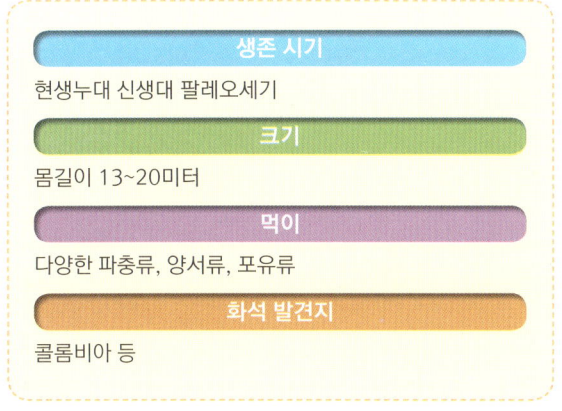

생존 시기
현생누대 신생대 팔레오세기
크기
몸길이 13~20미터
먹이
다양한 파충류, 양서류, 포유류
화석 발견지
콜롬비아 등

　신생대 팔레오세기에 서식했던 동물입니다. 구체적 시기는 지금으로부터 약 6,000만 년~5,800만 년 전 무렵이지요. '거대한 보아'라는 이름 뜻에서 짐작할 수 있듯, 현재까지 발견된 뱀 종류 중 가장 거대한 몸집을 자랑합니다.

　티타노보아는 오늘날의 보아뱀과 아나콘다의 조상입니다. 몸길이 13~20미터에, 몸무게도 최대 2톤에 이르렀을 것으로 추정하지요. 몸통 지름도 거의 1미터에 달해 먹잇감을 옭죄는 힘이 엄청났을 것으로 보입니다.

　티타노보아 화석은 남아메리카 대륙의 열대우림 지역에서 발견되었습니다. 그 지역은 팔레오세기에 늘 덥고 습한 환경이었지요. 따라서 티타노보아가 먹이로 삼는 각종 파충류와 양서류, 그리고 작은 포유동물이 흔했습니다. 워낙 덩치가 커서 악어 같은 동물도 한 입에 꿀꺽 집어삼킬 수 있었지요.

40
스테고테트라벨로돈

생존 시기
현생누대 신생대 마이오세 후기~플라이오세 전기
크기
키 높이 360~450센티미터
먹이
풀, 나뭇잎, 나무열매
화석 발견지
아랍에미리트, 파키스탄, 케냐, 우간다, 이탈리아 등

　신생대 마이오세 후기부터 플라이오세 전기까지 살았던 동물입니다. 지금으로부터 약 800만 년~420만 년 전 지구상에 존재했지요. 학자들은 이 종으로부터 매머드를 비롯해 오늘날의 여러 코끼리가 진화했을 것으로 판단합니다.

　스테고테트라벨로돈은 땅바닥에서 어깨까지 높이가 360~450센티미터, 몸무게는 무려 10~12톤가량 나갔을 것으로 추정합니다. 위턱과 아래턱에 각각 2개씩 상아가 나 있는데, 그 길이가 200센티미터에 달할 만큼 컸지요. 하지만 그 기능은 공격용이라기보다 천적에 대항하는 방어용이었습니다.

　스테고테트라벨로돈은 거대한 몸집과 달리 성격이 포악하지는 않았습니다. 어금니 형태 등으로 미루어 주요 먹잇감 역시 풀과 나뭇잎, 나무열매 따위였을 것으로 보이지요.

41
마카이로두스

생존 시기
현생누대 신생대 마이오세 후기~플라이스토세 전기

크기
키 높이 100센티미터 안팎

먹이
다른 신생대 동물

화석 발견지
유럽, 아프리카, 아시아, 북아메리카 등

　신생대 마이오세 후기부터 플라이스토세 전기까지 살았던 동물입니다. 이름에 담긴 '굽은 칼 이빨'이라는 뜻이 설명하듯 대형 검치 호랑이지요. 여기서 검치란, 일부 포식 동물의 거대한 송곳니를 가리킵니다.

　마카이로두스는 오늘날의 호랑이 같은 날렵한 몸매에 단단한 머리, 굵고 짧은 목, 잘 발달된 근육질 다리를 가졌습니다. 덕분에 달리기 실력이 뛰어나 날쌔게 달아나는 먹잇감도 효과적으로 포획했지요. 튼튼한 앞다리로 상대를 제압한 뒤 날카로운 송곳니를 박아 단박에 숨통을 끊었습니다. 여러 마리가 힘을 합쳐 사냥에 나서면 감히 맞설 동물이 없었지요.

　마카이로두스는 땅바닥에서 어깨까지 높이가 100센티미터 정도로 거대하다고 말할 크기는 아니었습니다. 몸무게는 240~400킬로그램에 달했고요. 그러나 균형 잡힌 몸에 20센티미터 가까이 되는 송곳니가 매우 위협적이었지요.

42 콜롬비아매머드

생존 시기
현생누대 신생대 플라이오세 중기~홀로세

크기
키 높이 400센티미터 안팎

먹이
풀, 나뭇잎, 나무열매

화석 발견지
북아메리카 등

　신생대 플라이오세 중기부터 홀로세까지 북아메리카를 중심으로 서식했던 동물입니다. 현존하는 아시아코끼리의 먼 조상으로 볼 수 있지요.

　콜롬비아매머드는 땅바닥에서 어깨까지 높이가 400센티미터 안팎에 이르며, 몸무게도 10톤 넘게 나갈 만큼 몸집이 컸습니다. 특히 아주 기다란 상어를 지녀 그 길이가 무려 400센티미터 이상 되는 경우도 흔했지요. 그 밖에 4개의 어금니도 눈에 띄는 특징이었습니다.

　콜롬비아매머드는 오늘날의 코끼리처럼 초시동물이었습니다. 주로 풀과 나뭇잎, 나무열매 등을 먹잇감으로 삼았지요. 그 양이 하루에도 수백 킬로그램에 달해 콜롬비아매머드 무리가 지나간 자리는 곳곳에 맨땅이 드러날 정도였습니다. 그런데 지구의 급격한 기후 변화 탓에 지금으로부터 약 1만 년 전에 이 동물은 멸종하고 말았지요.

43
메갈로케로스

생존 시기
현생누대 신생대 플라이오세~플라이스토세 후기
크기
키 높이 200센티미터 안팎
먹이
풀, 나뭇잎, 나무열매
화석 발견지
유럽, 북아시아, 아프리카 대륙 등

신생대 플라이오세부터 플라이스토세 후기까지 지구상에 살았던 동물입니다. '거대한 뿔'이라는 이름 뜻을 갖고 있지요. 원시인들의 동굴 벽화에도 종종 등장할 만큼 당시 인간의 생활과도 밀접한 관계가 있었습니다.

메갈로케로스의 겉모습에서 가장 두드러진 특징은 말 그대로 거대한 뿔입니다. 마치 크고 넓적한 나뭇가지처럼 머리 위에 펼쳐진 두 갈래 뿔은 그 무게만 해도 40킬로그램이 넘었지요. 양쪽으로 갈라진 뿔 끝 사이의 거리는 300~400센티미터에 달할 정도였고요. 아울러 메갈로케로스의 키 높이는 200센티미터 안팎, 몸무게는 500~600킬로그램이었습니다.

학자들은 메갈로케로스가 지구 역사상 가장 큰 뿔을 가졌던 사슴으로 판단합니다. 하지만 그와 같은 개성이 너무 지나쳐 이 동물의 멸종을 불러오는 중요한 원인이 되었지요.

44 메갈라니아

생존 시기
현생누대 신생대 플라이스토세 후기
크기
몸길이 350~700센티미터
먹이
다른 고생대 동물
화석 발견지
오스트레일리아 등

　신생대 플라이스토세 후기에 서식했던 동물입니다. 구체적 시기는 지금으로부터 약 200만 년~1만 년 전에 해당하지요. 이름에 '거대한 방랑자'라는 뜻이 담겨 있습니다.

　메갈라니아는 지구 역사상 가장 거대한 육지 도마뱀으로 유명합니다. 겉모습이 오늘날의 코모도왕도마뱀과 닮았지요. 메갈라니아의 몸길이는 350~500센티미터, 몸무게는 200~300킬로그램에 달했을 것으로 추정합니다. 일부 학자들은 몸길이 700센티미터에 몸무게가 2톤 가까이 됐을 것이라고도 주장하지요.

　메갈라니아는 당시 서식 환경에서 손꼽히는 상위 포식자였습니다. 주로 초원 지대에서 생활하며 다른 고생대 생물들을 잡아먹었지요. 달리기 속도가 그다지 빠르지는 않았지만 메갈라니아보다 느린 동물이 많던 때라 먹이 활동에 별 문제는 없었습니다.

하스트독수리

생존 시기
현생누대 신생대 플라이스토세~홀로세

크기
날개 너비 300센티미터 안팎

먹이
모아를 비롯한 고생대 동물

화석 발견지
뉴질랜드 등

    신생대 플라이스토세부터 홀로세까지 서식했던 동물입니다. 마이오세기의 맹금류인 아르젠타비스와 더불어 지구 역사상 가장 거대한 육식 조류였지요. 날지 못하는 새로 알려진 모아 등을 주요 먹잇감으로 삼았습니다.

    하스트독수리는 날개를 활짝 펼쳤을 때 너비가 300센티미터 안팎에 이르렀습니다. 대개 수컷보다 암컷의 몸집이 더 커서, 몸무게의 경우 수컷은 9~12킬로그램이었고 암컷은 10~15킬로그램이었지요.

    하스트독수리의 사냥 솜씨는 여러 맹금류 중에서도 단연 최고였습니다. 하늘을 날다가 먹잇감을 발견하면 시속 80킬로미터로 맹렬히 날아가 강력한 힘으로 덮쳤지요. 발톱이 매우 날카롭고 내리누르는 힘이 엄청나 어떤 먹잇감도 한번 잡히면 달아나기 어려웠습니다. 웬만한 동물은 단박에 숨통이 끊어지기 일쑤였지요.

46
마렐라

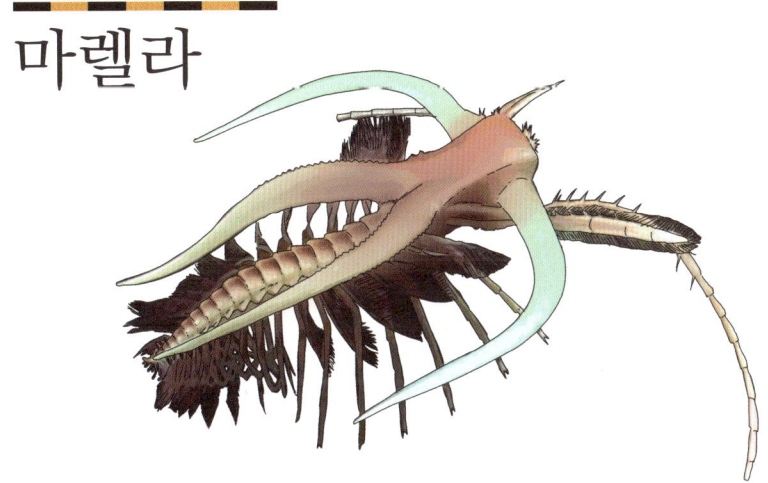

생존 시기
현생누대 고생대 캄브리아기

크기
몸길이 2~2.4센티미터

먹이
바다 속 유기물

화석 발견지
캐나다 등

 고생대 캄브리아기에 서식했던 동물입니다. 절지동물에 속하며, 북아메리카 캐나다에서 처음 화석이 발견됐지요. 학자들은 삼엽충과 연관 있는 생물로 판단하고 있습니다.
 마렐라는 몸길이가 2~2.4센티미터 정도에 불과합니다. 크게 머리와 이차형 다리를 가진 몸 부위로 구분할 수 있는데, 머리에는 눈의 흔적이 보이지 않는 대신 두 쌍의 돌기가 발달했지요. 아울러 한 쌍의 더듬이와, 그 뒤쪽으로 부속지도 보이고요. 가슴 부분은 여러 개의 마디로 나뉘었으며, 각 체절에는 외엽지와 내엽지가 있습니다.
 학자들은 마렐라가 바다 속을 부리지어 헤엄쳐 다니며 각종 유기물을 먹고 살았을 것으로 추정합니다. 한마디로 해양 바닥의 다양한 유기체와 미립자들을 분해해 깨끗이 청소하는 역할을 담당했다는 의미지요.

47

엘라티아

생존 시기
현생누대 고생대 캄브리아기 중기

크기
몸길이 1.6~4센티미터

먹이
해양의 다른 고생대 생물

화석 발견지
미국 등

고생대 캄브리아기 중기에 서식했던 생물입니다. 삼엽충의 일종으로 비슷한 시기에 엘립소케팔루스, 올레넬루스, 파라독시데스 등이 생존했지요. 삼엽충에 속하는 동물은 쉽게 화석화되는 외골격을 갖추고 있어 고생대 연구에 중요한 자료를 제공합니다.

엘라티아는 몸길이 1.6~4센티미터입니다. 삼엽충의 크기는 1밀리미터에서 72센티미터에 이를 만큼 다양한데 보통은 3~10센티미터 정도지요. 엘라티아는 가슴 부위에 비해 머리 쪽이 작은 편입니다. 눈은 가운데 위치하며, 삼각형 형태의 짧은 볼침이 눈에 띄지요. 가슴 부위에는 13개의 체절이 있고, 좁은 축엽과 넓은 늑막엽에 짧은 침을 가졌습니다.

엘라티아는 유성생식을 하며 알을 낳아 번식했을 것으로 추정합니다. 화석은 주로 미국을 중심으로 한 북아메리카 지역에서 발견되지요. 그 수가 적지 않아 상업용으로 사고팔기도 합니다.

아에기로카시스

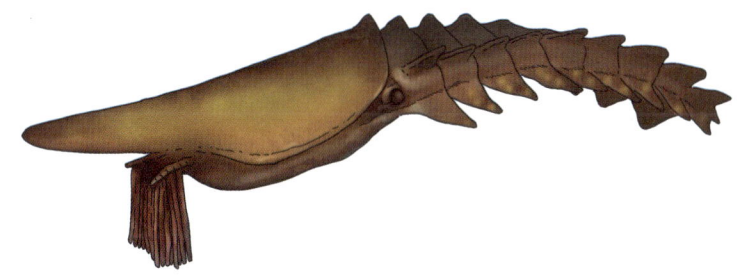

생존 시기
현생누대 고생대 오르도비스기

크기
몸길이 200~210센티미터

먹이
해양 플랑크톤

화석 발견지
모로코 등

　고생대 오르도비스기에 서식했던 동물입니다. 지금으로부터 약 5억 년 전에 해당하는 시기지요. 노르웨이 신화 속 바다의 신 '아이기르'에서 따 온 이 동물의 이름에는 '이상한 새우'라는 뜻이 담겨 있습니다.
　아에기로카시스는 그 무렵 지구상에 살았던 엽족동물 중 가장 큰 바다 생명체였습니다. 몸길이가 200~210센티미터에 달했지요. 학자들은 이 동물의 화석이 3차원적으로 잘 보존되어 고생물의 진화 과정을 연구하는 데 중요한 자료가 된다고 이야기합니다.
　아에기로카시스는 오늘날의 고래처럼 바다 속 플랑크톤을 주식으로 삼았을 것으로 추측합니다. 이른바 여과 섭식성 동물이었지요. 즉 플랑크톤이 포함된 바닷물을 실컷 들이켠 다음 물만 다시 내뿜는 방식으로 먹이 활동을 했던 것입니다.

49
루나타스피스

생존 시기
현생누대 고생대 오르도비스기
크기
몸길이 30~70센티미터
먹이
작은 물고기, 조개류
화석 발견지
캐나다 등

고생대 오르도비스기에 서식했던 동물입니다. 2005년 캐나다 매니토바 주에서 처음 화석이 발견됐지요. 정확한 이름은 '루나타스피스 아우로라'라고 합니다.

루나타스피스는 오늘날의 투구게와 매우 비슷한 모습입니다. 둥그스름한 갑각과 양쪽의 겹눈, 길고 뾰족한 꼬리를 갖고 있지요. 갑각 안에는 작은 집게까지 포함하여 6쌍의 다리가 숨어 있고요. 투구게는 옛날과 거의 비슷한 모습으로 지금도 4종이 존재합니다. 우리나라에서도 세가시투구게라는 종이 발견된 적이 있지요. 따라서 루나타스피스는 약 4억5,000만 년 전부터 지구상에 서식해온 '살아 있는 화석'이라고 할 만합니다.

루나타스피스의 몸길이는 30~70센티미터입니다. 주로 작은 물고기나 조개류를 잡아먹었을 것으로 추정하지요. 절지동물의 일종으로 볼 수 있습니다.

50
펜테콥테루스

생존 시기
현생누대 고생대 오르도비스기~페름기
크기
몸길이 150~180센티미터
먹이
물고기, 두족류 등 해양 생물
화석 발견지
미국 등

　고생대 오르도비스기부터 페름기까지 지구상에 서식했던 동물입니다. 지금으로부터 약 4억6,000만 년~2억5,000만 년 전에 해당하는 시기지요.

　펜테콥테루스는 바다전갈로 볼 수 있습니다. 보통의 고생대 바다전갈 류가 몸길이 20센티미터 안팎이었던 것에 비해, 이 동물은 150~180센티미터에 달하는 커다란 몸집을 자랑했지요. 따라서 당시 바다 생태계에서 상위 포식자였을 것으로 짐작합니다.

　펜테콥테루스는 머리 부분과 꼬리 부분으로 몸을 구분할 수 있습니다. 발톱이 달린 12개의 다리와 뾰족한 꼬리를 가졌지요. 꼬리는 공격용이라기보다 몸의 균형을 잡는 데 쓰였을 것으로 추정합니다. 다리 중 가장 앞쪽의 한 쌍은 먹이를 입 안으로 집어넣는 데 이용하는 협각이었고요. 또한 머리 부분에는 갑각이 덮여 있었고, 미약하나마 시각 기관도 갖췄지요.

51
스킨데란네스

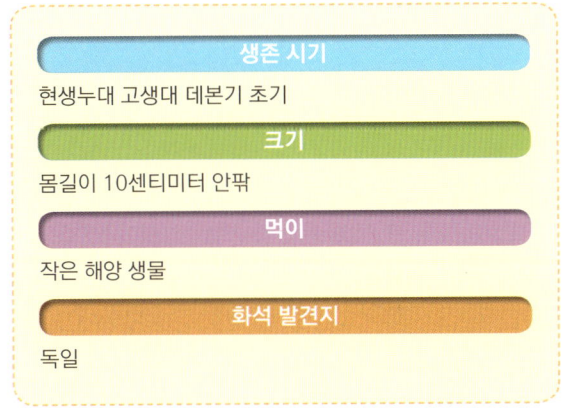

생존 시기
현생누대 고생대 데본기 초기

크기
몸길이 10센티미터 안팎

먹이
작은 해양 생물

화석 발견지
독일

   고생대 데본기 초기 지구상에 서식했던 동물입니다. 독일 분덴바흐 지역에서 화석이 발견됐지요. 단 한 점뿐인 화석이지만, 다행히 보존 상태가 좋아 학자들이 연구하는 데 큰 어려움이 없었습니다.

   스킨데란네스의 몸길이는 10센티미터 정도였습니다. 머리에는 한 쌍의 가시 전두엽과 한 쌍의 큰 옆쪽 겹눈을 가졌지요. 또한 파인애플의 단면처럼 보이는 동그란 입도 주목할 만한 특징입니다. 아울러 단단한 외골격을 갖춘 등 부분과 한 쌍의 커다란 부속지, 날개 모양으로 펼쳐진 머리 아래쪽 지느러미도 눈에 띄지요. 배 쪽에는 오늘날의 갑각류와 비슷한 부속지들이 나란히 늘어서 있고요.

   스킨데란네스는 머리 아래쪽에 위치한 커다란 지느러미로 바다 속을 헤엄쳐 다니며 먹이 활동을 했을 것으로 추정합니다. 입 앞에 달린 부속지로 작은 생물들을 잡아먹었지요.

52
케팔라스피스

생존 시기
현생누대 고생대 실루리아기 후기~데본기 후기

크기
몸길이 60~70센티미터

먹이
작은 물고기, 두족류, 조개류

화석 발견지
미국, 유라시아 지역 등

고생대 실루리아기 후기부터 데본기 후기에 걸쳐 지구상에 서식했던 동물입니다. 북아메리카와 유라시아에서 화석이 발견됐지요. 원시 어류인 갑주어 중 하나로, 주로 해양 바닥에서 생활했을 것으로 추정합니다.

케팔라스피스의 몸길이는 60~70센티미터 정도였습니다. 머리를 비롯해 몸의 일부가 단단한 골판으로 덮여 있는 모습이지요. 두 눈은 머리 부분 위쪽 중앙선 가까이에 위치해 있고, 입은 머리 부분 배면의 앞부분에 달려 있는 형태입니다. 또한 평평하고 넓적한 모양인 2개의 가슴지느러미와 1~2개의 등지느러미를 가졌으나, 배지느러미는 없지요.

그 밖에 케팔라스피스의 또 다른 특징은 무악류라는 점입니다. 즉 턱이 없으며, 콧구멍은 1개뿐이지요. 육식 먹이 활동을 했지만, 바다전갈 류의 주요 먹잇감이기도 했습니다.

53
보트리올레피스

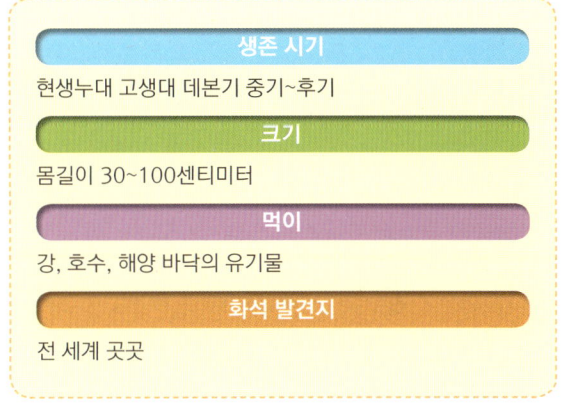

생존 시기
현생누대 고생대 데본기 중기~후기

크기
몸길이 30~100센티미터

먹이
강, 호수, 해양 바닥의 유기물

화석 발견지
전 세계 곳곳

　고생대 데본기 중기부터 후기까지 서식했던 동물입니다. 최초로 턱을 가진 원시 어류인 판피류 중 하나지요. 전 세계 곳곳에서 화석이 발견되는 것으로 미루어 생활공간이 매우 넓었을 것이 틀림없습니다. 바다뿐만 아니라 강이나 호수 같은 담수 환경에서도 살았을 것으로 추측하지요.

　보트리올레피스의 몸길이는 30~100센티미터 정도였습니다. 무엇보다 상자같이 생긴 구조물로 둘러싸인 몸통에 눈길이 가는데, 특히 가슴 쪽이 두툼한 모습이지요. 그에 비해 꼬리 부분은 부드러워 보입니다. 또한 관절이 있는 넓은 가슴지느러미는 끝이 날카롭고, 아가미를 비롯해 원시적 형태의 폐도 가졌을 것으로 짐작하지요.

　보트리올레피스는 여과 섭식성 동물이었습니다. 주로 진흙 바닥 사이를 헤엄쳐 다니며 유기물을 흡입했지요. 이때 가슴지느러미를 이용해 침전물을 휘저었을 것으로 보입니다.

54
아란다스피스

생존 시기
현생누대 고생대 오르도비스기 전기

크기
몸길이 12~14센티미터

먹이
해양 바닥의 유기물

화석 발견지
오스트레일리아 등

　고생대 오르도비스기 전기에 살았던 동물입니다. 단단한 외골격을 가진 무악어류 중 하나로, 이름에 '아란다의 방패'라는 뜻이 있지요. 아란다는 오스트레일리아 원시 부족입니다.

　아란다스피스는 턱이 없으나 척추가 있어 양서류와 파충류 등의 조상이라고 할 만합니다. 유선형 몸이라 헤엄치기 적합해 보이지만 가슴지느러미가 없어 수영 실력이 좋지는 못했을 것으로 보이지요. 머리 부분을 비롯해 몸통 앞부분에는 골질이 덮여 있습니다. 또한 눈이 머리 위쪽이 아니라 아래쪽에 달렸으며, 입 안에 이빨이 발달하지 않은 특징도 있지요.

　아란다스피스의 몸길이는 12~14센티미터입니다. 앞서 시명한 대로 가슴지느러미가 없어 바다 속을 자유롭게 돌아다니기보다는 해양 바닥에 머물며 먹이 활동을 했을 것으로 짐작합니다. 입으로 진흙을 삼켜 유기물 따위를 걸러 먹었을 것으로 추정하지요.

55 메가마스탁스

생존 시기
현생누대 고생대 실루리아기 후기

크기
몸길이 100센티미터 안팎

먹이
해양의 다른 고생대 생물

화석 발견지
중국 등

고생대 실루리아기 후기에 살았던 동물입니다. 지금으로부터 약 4억 2,300만 년 전에 해당하는 시기지요. 이름에 '큰 입'이라는 뜻이 담겨 있습니다.

메가마스탁스의 화석은 중국 운남성에서 턱의 일부만 발견됐습니다. 그 화석의 크기만 해도 12센티미터에 이르러, 학자들은 전체 몸길이가 100센티미터는 되었을 것으로 추정하지요. 또한 턱이 있다는 사실은 다른 동물을 잡아먹는 포식 활동이 가능했다는 것을 의미합니다. 입 안에 솟은 강력한 이빨들이 그럼 점을 뒷받침하지요.

메가마스탁스는 바다 속을 헤엄쳐 다니며 먹잇감을 사냥했습니다. 잘 발달된 이빨로 단단한 껍질을 가진 바다전갈까지 단숨에 제압했지요. 고생대 실루리아기만 해도 해양 환경에 메가마스탁스만큼 커다란 척추동물이 별로 없어 최고 수준의 포식자로 활약했습니다.

56
마테르피스키스

생존 시기
현생누대 고생대 데본기 후기

크기
몸길이 25~30센티미터

먹이
작은 물고기, 조개, 산호

화석 발견지
오스트레일리아 등

 고생대 데본기 후기 지구상에 서식했던 동물입니다. 오스트레일리아에서 첫 화석이 발견됐지요. 무엇보다 마테르피스키스의 뱃속에서 태아의 존재가 확인되어 생물학자들의 큰 관심을 끌었습니다. 그것이 척추동물의 화석에서 발견된 가장 오래된 배아였기 때문이지요. 그 사실은 이 종이 오늘날의 어류처럼 체외수정을 한 것이 아니라 체내수정을 했다는 것을 의미합니다. 체내수정을 통해 번식하면 새끼의 생존 확률이 높지요.

 마테르피스키스의 몸길이는 25~30센티미터였을 것으로 추정합니다. 먹잇감을 짓이길 수 있는 이빨을 갖고 있어 작은 물고기를 비롯해 조개나 산호까지 잡아먹었지요. 또한 등지느러미와 가슴지느러미가 튼튼해 헤엄을 잘 쳤고, 어류치고는 시각 기관도 발달해 먹이 활동에 도움이 되었습니다.

57 클라도셀라케

생존 시기
현생누대 고생대 데본기

크기
몸길이 100~180센티미터

먹이
작은 해양 물고기, 먹장어

화석 발견지
미국 등

 고생대 데본기에 서식했던 동물입니다. 주로 북아메리카 지역에서 화석이 발견됐지요. 이름에는 '가지 상어'라는 뜻이 있습니다.

 클라도셀라케의 겉모습은 이름에서 짐작하듯 오늘날의 상어와 닮았습니다. 다만 입 모양이 지금의 상어보다는 어류와 비슷해 크게 벌리지는 못했을 것으로 추측하지요. 주둥이 역시 짧고 뭉툭한 모습이고요.

 클라도셀라케의 몸길이는 100~180센티미터 정도였습니다. 유선형 몸을 가진데다 등지느러미가 발달하고 뼈가 연골이라 헤엄을 잘 쳤지요. 따라서 민첩하게 움직여 먹잇감을 사냥했으며, 천적들의 위협에서 효과적으로 벗어날 수 있었습니다. 또 다른 특징으로는 7쌍의 아가미를 가졌고, 몸에 비늘이 없다는 점을 이야기할 만하지요. 주요 먹잇감은 작은 물고기와 먹장어 등이었습니다.

58
히네리아

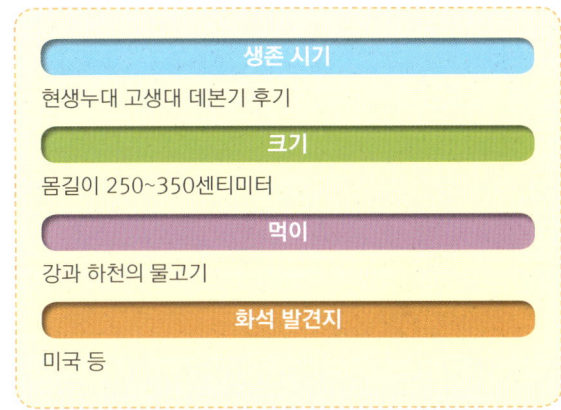

생존 시기
현생누대 고생대 데본기 후기

크기
몸길이 250~350센티미터

먹이
강과 하천의 물고기

화석 발견지
미국 등

   고생대 데본기 후기 지구상에 서식했던 동물입니다. 지금으로부터 3억 6,000만 년 전에 해당하는 시기지요. 이름은 '하이너의 것'이라는 뜻인데, 처음 화석을 발견한 지역이 미국 펜실베이니아의 하이너라 그렇게 정했습니다.

   히네리아는 몸집이 매우 큰 어류였습니다. 몸길이가 250~350센티미터에 달했거든요. 게다가 단단한 턱뼈와 더불어 5센티미터 안팎의 강력한 이빨을 가져 감히 맞설 상대가 없는 포식자였습니다. 일부 학자들은 히네리아에게 원시적 형태의 폐가 있어 육지 활동도 가능했을 것으로 추측하지요.

   히네리아의 주요 활동 무대는 바다가 아니라 강과 하천이었습니다. 튼튼한 지느러미로 물속을 헤엄쳐 다니면서 잘 발달한 신경으로 귀신같이 먹잇감을 포착했지요.

유스테놉테론

생존 시기
현생누대 고생대 데본기

크기
몸길이 60~180센티미터

먹이
해양의 다양한 물고기

화석 발견지
캐나다를 비롯한 북아메리카, 유럽 등

고생대 데본기 지구상에 서식했던 동물입니다. 약 3억8,500만 년~3억6,000만 년 전 북아메리카와 유럽 지역의 바다에 살았지요. 이름에 '힘 좋은 지느러미'라는 뜻이 있습니다. 실제로 지느러미에 근육이 발달한 특징이 있지요.

유스테놉테론의 몸길이는 60~180센티미터 정도였습니다. 해부학적으로는 여러모로 초기 네발동물과 비슷한 점이 있지요. 이를테면 두 부분으로 구성된 머리뼈를 가졌고, 각 지느러미에 6개의 다리뼈가 있으며, 내부 콧구멍과 폐도 확인됩니다. 그럼에도 줄곧 물속에서 생활하며 다른 물고기들을 먹잇감으로 삼았지요.

한때 일부 학자들은 지느러미의 튼튼한 다리뼈를 근거로 유스테놉테론이 육지 생활도 병행했을 것으로 추측했습니다. 하지만 곧 유스테놉테론의 지느러미가 육지에서는 특별한 역할을 하지 못했을 것으로 결론 내렸지요.

60 판데리크티스

생존 시기
현생누대 고생대 데본기
크기
몸길이 90~130센티미터
먹이
해양의 작은 물고기
화석 발견지
라트비아 등

고생대 데본기에 살았던 동물입니다. 하인리히 판데르라는 생물학자가 처음 화석을 발견한 것을 기념해 이름을 붙였지요. 즉 '판데르의 물고기'라는 뜻입니다. 화석을 발견한 곳은 라트비아였고요.

판데리크티스의 몸길이는 90~130센티미터 정도였습니다. 해부학적 구조가 어류와 네발동물의 중간쯤 되는 것으로 밝혀졌지요. 다시 말해, 판데리크티스의 화석을 통해 어류에서 육상 동물로 진화하는 과정을 확인할 수 있었습니다. 한 가지 예를 들면, 지느러미 골격 끝에서 뚜렷하게 분화된 방사상 뼈들이 드러났지요. 그것이 훗날 네발동물의 발가락으로 진화한 것입니다. 또한 판데리크티스는 얕은 바다에서 서식하며 폐호흡을 병행했을 것으로 추정합니다. 주요 먹잇감은 작은 물고기들이었지요.

61 틱타알릭

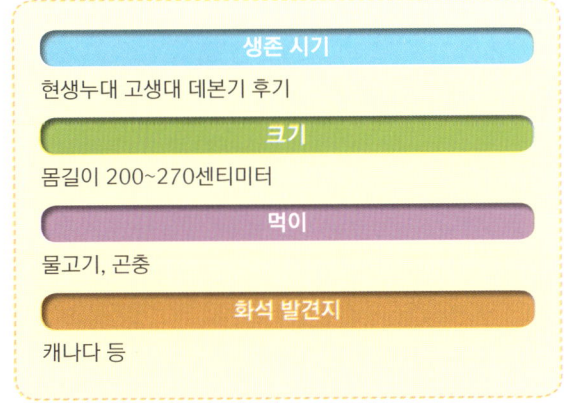

생존 시기
현생누대 고생대 데본기 후기

크기
몸길이 200~270센티미터

먹이
물고기, 곤충

화석 발견지
캐나다 등

고생대 데본기 후기에 서식했던 동물입니다. 그 시기 지구상에는 다양한 어류가 나타나 번성했지요. 나아가 진화를 거듭해 육지에서 생활하는 네발동물의 출현으로 이어지는 대변화의 시기였습니다. 그러다 보니 어류와 네발동물인 양서류의 중간 형태가 여럿 있었지요. 틱타알릭도 그중 하나입니다.

틱타알릭은 2004년 캐나다에서 화석이 처음 발견되었습니다. 이전의 중간 형태 어류와 달리, 이 종의 지느러미에서는 발목 뼈와 발가락 비슷한 구조를 확인할 수 있었지요. 물론 어류의 특징인 아가미와 비늘도 보였지만 원시적 형태의 다리를 갖췄던 것입니다. 목 부분의 구조도 네발동물과 유사해 머리를 좌우로 돌릴 수 있었고요.

틱타알릭의 몸길이는 200~270센티미터로 컸습니다. 주로 얕은 강과 하천에서 생활하며 이따금 육지로도 올라왔지요. 주요 먹잇감은 물고기와 곤충 등이었을 것으로 추정합니다.

62 아크모니스티온

생존 시기
현생누대 고생대 석탄기 초기

크기
몸길이 60센티미터 안팎

먹이
해양의 작은 물고기

화석 발견지
스코틀랜드 등

고생대 석탄기 초기 지구상에 살았던 동물입니다. 석탄기는 지금으로부터 3억 5,890만 년~2억 9,890만 년 전에 해당하는 시기지요. 데본기 이후이며 페름기 이전이라고 설명하면 어떤 고생대 동물들과 함께 생존했는지 이해할 수 있습니다.

아크모니스티온은 연골어류에 속합니다. 연골어류는 데본기가 끝나면서부터 어류 다양성의 중심으로 떠올랐지요. 그중 하나가 바로 아크모니스티온인데, 이 동물은 등지느러미의 특이한 형태가 단연 눈길을 사로잡습니다. 그것은 마치 구두솔을 닮은 기이한 모습에, 위쪽에는 자잘한 가시들이 잔뜩 돋아 있지요. 고생물학자들은 그와 같은 등지느러미를 일컬어 '척추솔 복합체'라고 이름 붙였습니다.

그 밖에도 아크모니스티온은 길쭉한 몸에 또 하나의 등지느러미와 2개의 배지느러미, 그리고 꼬리지느러미가 발달했습니다. 몸길이는 60센티미터 안팎이었을 것으로 보이지요.

63

헬리코프리온

생존 시기
현생누대 고생대 페름기 초기~중기
크기
몸길이 500~800센티미터
먹이
오징어 등 두족류
화석 발견지
러시아, 미국 등

고생대 페름기 초기부터 중기까지 서식했던 동물입니다. 이름에 '나선형 톱'이라는 뜻이 담겨 있지요. 연골어류의 일종으로, 러시아 우랄산맥에서 처음 머리 부분 화석이 발견됐습니다. 그 후 100여 년이 지나 미국에서 완전한 형태의 화석이 나왔지요.

헬리코프리온은 몸길이 500~800센티미터에 달했던 거대 어류입니다. 전체적으로 오늘날의 상어와 닮은 모습인데, 무엇보다 입 안의 날카로운 나선형 치아가 눈에 띄는 특징이지요. 아래턱 안쪽에 100여 개의 이빨이 둥그렇게 줄지어 나 있고, 그중 수십 개의 이빨이 입 밖으로 드러난 형태입니다. 그 밖에 몸 중앙에 솟은 1개의 삼각형 모양 등지느러미도 일반적인 상어와 다른 모습이지요.

헬리코프리온의 주요 먹잇감은 오징어 같은 부드러운 두족류였을 것으로 추정합니다. 앞서 설명한 이빨 모양이 두족류 사냥에 적합하기 때문이지요.

64
레티스쿠스

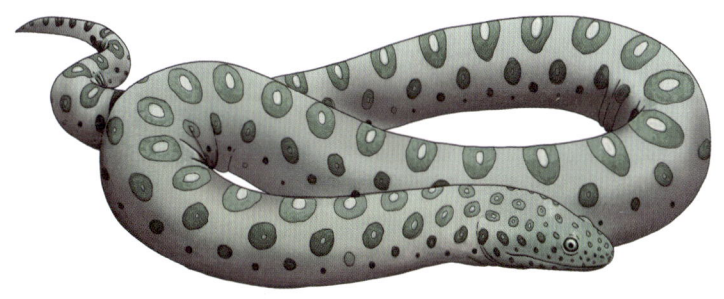

생존 시기
현생누대 고생대 석탄기 초기
크기
몸길이 70~80센티미터
먹이
작은 물고기
화석 발견지
스코틀랜드 등

 고생대 석탄기 초기에 서식했던 동물입니다. 유럽 스코틀랜드에서 최초로 화석이 발견됐지요. 지구상에 출현한 네발동물의 먼 조상쯤 되는 것으로 알려져 있습니다.

 레티스쿠스는 얼핏 몸 둘레가 굵은 뱀과 비슷한 모습입니다. 처음 등장했을 때는 원시적 형태의 다리가 보였지만 점점 진화하면서 오히려 그 흔적이 사라졌지요. 반면에 척추뼈가 더 발달해 유연한 몸을 갖게 된 뒤 다시 물속으로 들어가 생활했을 것으로 추정합니다.

 그 밖에 레티스쿠스의 신체적 특징으로는 가벼운 두개골과 입 안에 가지런히 솟은 크지 않은 이빨, 단단한 흉추 중심을 이야기할 만합니다. 흉추란, 척추뼈 중 등 부위에 있는 10여 개의 뼈를 가리키지요. 레티스쿠스는 흔히 다리가 발달해 물에서 육지로 서식 공간을 옮기는 진화 과정의 상식과 반대되는 특이한 생태를 보여줬습니다.

65
에리옵스

생존 시기
현생누대 고생대 석탄기 후기~페름기 초기

크기
몸길이 150~250센티미터

먹이
포유류, 파충류, 어류

화석 발견지
미국 등

고생대 석탄기 후기부터 페름기 초기까지 지구상에 살았던 동물입니다. 미국에서 처음 화석이 발견됐지요. 이름에는 '늘어진 얼굴'이라는 재미있는 의미가 있습니다.

에리옵스는 초기 양서류로 볼 수 있습니다. 거대한 몸통과 짧은 다리, 넓적한 머리뼈를 가졌지요. 몸길이 150~250센티미터였으며, 그중 두개골의 길이만 해도 40~60센티미터에 달했습니다. 또한 굵고 튼튼한 등뼈가 몸의 중심을 잡아주었지요. 청각도 발달했고, 수면 위로 코를 내밀어 숨을 쉴 수 있었습니다.

에리옵스는 물에서 육지로 올라와 성공적으로 정착한 양서류였습니다. 그럼에도 여전히 물속에 몸을 숨긴 채 먹잇감을 기다리고는 했지요. 강한 턱과 날카로운 이빨을 가져 한번 잡은 먹이를 놓치는 법이 없었습니다. 배를 잔뜩 불린 에리옵스는 다시 육지로 올라와 느릿느릿 걸어 다니며 햇볕을 쬐며 휴식했습니다.

게로바트라쿠스

생존 시기
현생누대 고생대 페름기 초기

크기
몸길이 10~12센티미터

먹이
작은 곤충, 애벌레

화석 발견지
미국 등

고생대 페름기 초기에 서식했던 동물입니다. 미국에서 처음 화석이 발견됐지요. 이름에 '장로 개구리'라는 뜻이 있습니다. 여기서 장로는 최고 연장자를 의미합니다.

게로바트라쿠스는 개구리와 도롱뇽의 공통 조상이라고 이야기할 수 있습니다. 두개골의 형태는 개구리와 닮았고, 네 다리는 도롱뇽과 비슷하지요. 아마도 개구리와 도롱뇽이 생물학적으로 분화하기 이전의 동물인 것으로 추정합니다.

게로바트라쿠스의 몸길이는 10~12센티미터로 작은 편입니다. 주로 육지에서 생활하며 물속에도 종종 들어갔을 것으로 보이지요. 학자들은 게로바트라쿠스가 개구리와 닮은 모습이 있기는 해도 점프는 잘하지 못했을 것이라고 판단합니다. 짤막한 꼬리가 있어 헤엄치는 데는 어느 정도 도움이 되었지요. 주요 먹이는 작은 곤충이나 벌레 등이었습니다.

67 넥토카리스

생존 시기
현생누대 고생대 캄브리아기

크기
몸길이 5~7센티미터

먹이
작은 엽족동물, 바다 생물의 사체

화석 발견지
캐나다, 오스트레일리아, 중국 등

    고생대 캄브리아기에 서식했던 동물입니다. 캐나다에서 처음 화석이 발견됐지요. 두족류와 비슷한 연체동물로 짐작되는데, 이름에는 '헤엄치는 새우'라는 뜻이 담겨 있습니다. 화석 발견 초기, 새우 머리에 물고기 몸통을 가진 모습으로 상상했기 때문이지요.

    넥토카리스의 몸길이는 5~7센티미터로 크지 않았습니다. 오랜 시간에 걸쳐 많은 화석들이 추가로 발견되면서 오늘날의 오징어와 닮은 형태로 복원했지요. 신체적 특징으로는 부드럽게 움직였을 2개의 촉수와 한 쌍의 아가미, 출수공 등이 확인되었습니다. 하지만 오징어 같은 다리가 없고, 빨판이나 먹물주머니 등도 보이지 않았지요.

    넥토카리스는 지금의 두족류들이 갖고 있는 부리 모양의 단단한 입이 없어 갑각류 등은 잡아먹지 못했을 것으로 추정합니다. 그 대신 작은 엽족동물이나 바다 생물의 사체를 뜯어먹었지요.

68 오돈토그리푸스

생존 시기
현생누대 고생대 캄브리아기

크기
몸길이 3~12센티미터

먹이
해양 바닥의 다양한 조류

화석 발견지
캐나다 등

　고생대 캄브리아기에 서식했던 동물입니다. 캐나다 브리티시컬럼비아 지역에서 집중적으로 화석이 발견되었지요. 학자들은 연체동물의 일종으로 추정합니다.

　오돈토그리푸스의 몸길이는 3~12센티미터로 다양했습니다. 전체적인 몸의 모습은 납작한 타원형이며, 등에는 단단한 가죽이나 껍질이 덮여 있었을 것으로 짐작하지요. 또한 몸에는 마디 같은 주름이 있고, 머리 양옆에서 침샘을 확인할 수 있습니다. 그 밖에 배에는 근육질 다리가 발달했으며, 무수한 작은 아가미를 비롯해 이빨 역할을 하는 치설도 갖추었지요.

　오돈토그리푸스는 주로 바다 바닥을 천천히 기어 다니며 먹이 활동을 했습니다. 주요 먹이는 엽록소를 가져 광합성을 하는 남세균 같은 조류였을 가능성이 높지요. 캄브리아기 해저에는 수생 생물인 조류가 많아 오돈토그리푸스가 먹이 활동을 하기 쉬웠습니다.

이노스트란케비아

생존 시기
현생누대 고생대 페름기

크기
몸길이 300~430센티미터

먹이
페름기의 다양한 동물

화석 발견지
러시아, 남아프리카공화국 등

　고생대 페름기 후기 지구상에 살았던 동물입니다. 지금으로부터 약 2억6,000만 년~2억5,100만 년 전에 해당하는 시기지요. 처음에는 러시아에서만 화석이 발견되어 지질학자 알렉산더 이노스트란체프의 이름을 따 명칭을 정했습니다.

　이노스트란케비아는 당시 자연 생태계의 최상위 포식자 중 하나였습니다. 몸길이가 300~430센티미터에 달했고, 몸무게 역시 300킬로그램 안팎이었을 것으로 추정하지요. 포식동물의 거대한 송곳니를 의미하는 검치가 있어 단박에 먹잇감의 숨통을 끊을 수 있었습니다. 다른 이빨들도 잘 발달되어 있었고요.

　그 밖에도 이노스트란케비아는 크고 길쭉한 두개골을 비롯해 강한 턱을 가져 막강한 싸움 실력을 자랑했습니다. 네 다리와 몸통 근육도 매우 튼튼해 페름기 생태계의 다른 동물들에게 공포의 대상이었지요.